Technik im Fokus

Weitere Bände zur Reihe finden Sie unter
http://www.springer.com/series/8887.

Rolf Drechsler · Andrea Fink ·
Jannis Stoppe

Computer

Wie funktionieren Smartphone, Tablet
& Co.?

 Springer

Rolf Drechsler
Universität Bremen / DFKI GmbH
Bremen, Deutschland

Jannis Stoppe
Universität Bremen / DFKI GmbH
Bremen, Deutschland

Andrea Fink
Bremen, Deutschland

ISSN 2194-0770   ISSN 2194-0789 (electronic)
Technik im Fokus
ISBN 978-3-662-53059-7   ISBN 978-3-662-53060-3 (eBook)
DOI 10.1007/978-3-662-53060-3

Die Deutsche Nationalbibliothek verzeichnet diese Publikation in der Deutschen Nationalbibliografie; detaillierte bibliografische Daten sind im Internet über http://dnb.d-nb.de abrufbar.

Konzeption der Energie-Bände in der Reihe Technik im Fokus:
Prof. Dr.-Ing. Viktor Wesselak, Institut für Regenerative Energiesysteme, Hochschule Nordhausen
Gedruckt auf säurefreiem und chlorfrei gebleichtem Papier.

Springer ist Teil von Springer Nature
Die eingetragene Gesellschaft ist Springer-Verlag GmbH Deutschland
Die Anschrift der Gesellschaft ist: Heidelberger Platz 3, 14197 Berlin, Germany

Danksagung

Dieses Buch ist im Umfeld und mit der Unterstützung der von Prof. Dr. Rolf Drechsler geleiteten Arbeitsgruppe Rechnerarchitektur (AGRA) der Universität Bremen und des Forschungsbereichs Cyber-Physical Systems des Deutschen Forschungszentrums für Künstliche Intelligenz (DFKI) entstanden. Beide Einrichtungen beschäftigen sich seit Jahren intensiv mit dem Entwurf und der Entwurfsmethodik komplexer Schaltungen und Systeme.

Unser besonderer Dank gilt den folgenden Korrekturleserinnen und Korrekturlesern sowie Hinweisgeberinnen und Hinweisgebern: Fatma Akin, Monika Barth, Gunhilde Drechsler, Regina Fink, Dr. Carolin Fink, Dr. Cornelia Große, Martin Ring, Prof. Dr. Robert Wille. Für die Unterstützung bei der Erstellung der Videos bedanken wir uns bei der Stiftung der Universität Bremen und der Sparkasse Bremen. Darüber hinaus danken wir dem Springer-Verlag für die angenehme Zusammenarbeit.

Bremen, Januar 2017

Rolf Drechsler
Andrea Fink
Jannis Stoppe

Inhaltsverzeichnis

1 Einleitung

Technischer Fortschritt verändert unsere Welt, permanent. Was gestern modern war, wird heute in Frage gestellt, ist morgen von vorgestern und übermorgen bestenfalls Nostalgie. Immer neue technische Systeme sollen uns in immer kürzeren Abständen das Leben einfacher, komfortabler und unterhaltsamer gestalten. So wächst jede Generation mit ganz unterschiedlichen Technologien auf, und die Vielfalt wird immer größer: vom Plattenspieler, der heute ein Revival feiert, über den Kassettenrecorder, der auf dem Dachboden verstaubt, den tragbaren Walkman, welcher vom portablen CD-Player abgelöst wurde, und der wiederum dem MP3-Player weichen musste bis hin zu den Computersystemen von heute, bei denen das Abspielen von Musik nur noch eine von unzähligen weiteren Funktionen ist.

Computer haben in den letzten Jahrzehnten nicht nur die Art und Weise des Musikhörens neu definiert, sondern nahezu alle Bereiche unseres Lebens erobert und viele davon tiefgreifend verändert. Dabei wurden die Geräte immer kleiner und leistungsstärker, was nicht zuletzt dazu führte, dass Computersysteme sowohl in unserem Alltag als auch in unserer Arbeitswelt heute allgegenwärtig sind. Internet und Mobiltelefon sind längst zu selbstverständlichen Begleitern geworden, mit denen wir jederzeit und überall erreichbar sind und auf das digitalisierte Wissen der Welt zugreifen können. SMS, E-Mail, sogenanntes Instant-Messaging über Skype oder WhatsApp und der Austausch in sozialen Netzwerken stellen für viele heute einen wichtigen Teil ihrer Alltagskommunikation

R. Drechsler et al., *Computer*, Technik im Fokus, DOI 10.1007/978-3-662-53060-3_1

und Beziehungspflege dar. Überdies nutzen wir Computer völlig unbe-
wusst, denn sie befinden sich – oft unsichtbar – in zahlreichen Geräten
unseres täglichen Lebens, zum Beispiel in Autos, Aufzügen, Verkehrs-
ampeln oder Haushaltsgeräten.

Auch das Wirtschaftssystem hat sich in den vergangenen Jahren
grundlegend gewandelt: Modernste Informations- und Kommunikati-
onstechnologien halten Einzug in die industrielle Produktion. Roboter
und andere Computersysteme übernehmen unliebsame, monotone oder
gefährliche Aufgaben und unterstützen den Menschen bei der Arbeit,
zum Beispiel indem sie ihm immer genau das Werkzeug oder exakt
die Information zur Verfügung stellen, das bzw. die er gerade benötigt.
Vor allem in der Wissenschaft sind digitale Technologien heute unver-
zichtbar, denn sie ermöglichen einen Erkenntnisgewinn, der ohne sie
schlichtweg unmöglich wäre, etwa bei der Vorhersage von Klimaver-
änderungen, der Simulation der Wirkung neuer Medikamente auf den
Organismus oder der Suche nach winzigen Elementarteilchen.

Trotz der unbestritten großen Bedeutung von Computertechnologi-
en in unserer Gesellschaft und ihres enormen Potenzials tiefgreifende
Veränderungen herbeizuführen, ist das Wissen um die Funktionsweise
moderner Rechner unter den Nutzerinnen und Nutzern vergleichsweise
gering. Das mag zum einen an der Komplexität heutiger Systeme liegen,
die die Laiin bzw. den Laien eher davor zurückschrecken lässt, sich näher damit auseinander zu setzen, zum anderen schlicht und einfach daran,
dass dieses Verständnis nicht unbedingt notwendig ist, um einen Rechner bedienen und nutzen zu können. Doch gerade in der heutigen Zeit, in
der wir fast rund um die Uhr und in allen Lebenslagen von Computern
umgeben sind und es zunehmend Debatten nicht nur über die Vorteile, sondern auch um die potentiell negativen Seiten dieser Entwicklung
gibt, lohnt sich ein Blick hinter das schützende Gehäuse hinein in den
Rechner. Dabei sind Computersysteme heute längst nicht mehr nur klassische Schreibtisch-PCs mit Monitor, Maus und Tastatur – auch wenn
viele sicherlich genau das immer noch vor Augen haben, wenn sie sich
einen Rechner vorstellen. Das Herzstück eines Computers, der sogenannte Prozessor, befindet sich vielmehr auf einem winzig kleinen Chip, der
zusammen mit vielen weiteren Komponenten auf einer Platine aufgebracht ist, die wiederum in Tablets, Smartphones, Waschmaschinen und
vielen anderen Geräten stecken kann.

Was es alles braucht, um die Funktionsweise heutiger Computer zu verstehen, erfahren Sie in den folgenden Kapiteln dieses Buches. Trotz ihrer Komplexität und Vielfalt ist das Grundprinzip, nach dem moderne Rechner arbeiten, stets dasselbe. Eine fundamentale Rolle spielt dabei die Logik, auf der alle Computersysteme basieren. Dank ihr sind wir in der Lage, aus einfachen logischen Verknüpfungen komplexere Funktionen zusammenzusetzen. Solche Verknüpfungen sind durch bestimmte Bauteile, die sogenannte Hardware, technisch realisierbar. Bevor diese Systeme allerdings Informationen verarbeiten können, muss der Inhalt zunächst kodiert werden, und zwar in 0en und 1en, die Sprache der Computer. Mithilfe der logischen Verknüpfungen lassen sich schließlich Berechnungen durchführen und Schaltpläne für ganz konkrete Anwendungen erstellen. Programmiersprachen dienen dazu, dem Rechner präzise Anweisungen zu geben, ihm also genau zu sagen, was er tun soll. Für den Entwurf ganzer Computersysteme ist dann der Rechnerarchitekt zuständig, der über das Zusammenspiel aller Rechnerkomponenten entscheidet. Die Computertechnik hat sich in den letzten Jahrzehnten in einem beispiellosen Tempo entwickelt. Doch wohin geht die Reise?

Ohne größeres technisches und informatisches Vorwissen vorauszusetzen, beschreibt das vorliegende Buch auf verständliche, informative und unterhaltsame Weise den Aufbau und die grundlegende Arbeitsweise moderner Rechner – angereichert mit zahlreichen Illustrationen und ergänzt durch Links zu kurzen Web-Videos, in denen der Informatiker Professor Rolf Drechsler einzelne Themen prägnant und pointiert erklärt. Dabei erhebt das Buch keinerlei Anspruch auf inhaltliche Vollständigkeit und verzichtet zugunsten der Verständlichkeit auf umfangreiche und detaillierte Erläuterungen. Stattdessen sollen viele praktische Beispiele und Alltagsbezüge das Thema für die Leserinnen und Leser veranschaulichen und Lust machen, sich weitergehend damit zu beschäftigen.

Alles ist logisch

Zu Beginn ein kleines Rätsel[1]:

Andreas, Benjamin und Clemens stehen vor Gericht, aber nur einer von ihnen ist schuldig.

Andreas behauptet, unschuldig zu sein.

Benjamin bestätigt, dass Andreas unschuldig ist.

Clemens behauptet schließlich, selbst schuldig zu sein.

Im Verlauf des Gerichtsverfahrens stellt sich heraus, dass der Schuldige gelogen hat. Wer ist der Schuldige?

Sie wissen die Antwort bereits? Prima. Wenn nicht, so macht das auch nichts. In diesem Kapitel lernen Sie die notwendigen „Werkzeuge" kennen, mit denen Sie sich die Antwort selbst herleiten können.

---

[1] Frei nach Smullyan, Raymond (1997): The Riddle of Scheherazade. Alfred A. Knopf, New York.

© Springer-Verlag GmbH Deutschland 2017
R. Drechsler et al., *Computer*, Technik im Fokus, DOI 10.1007/978-3-662-53060-3_2

2.1 Was ist Logik?

Um dieses Rätsel zu lösen, müssen Sie logisch denken. Klingt einfach?
Ist es aber nicht unbedingt. Wie oft sagen wir im Alltag „Ist doch logisch!". Doch die Logik ist eine Kunst, die ein Um-die-Ecke-Denken
erfordert, ein Verstehen von Zusammenhängen, die auf den ersten Blick
nicht immer ersichtlich sind. Die digitale Ausgabe des Dudens definiert
Logik als die „Lehre vom folgerichtigen Denken, vom Schließen aufgrund gegebener Aussagen"[2]. Es geht also darum, Aussagen auf ihre
Gültigkeit hin zu überprüfen und daraus die richtigen Schlüsse zu ziehen.
Und wer war der erste logische Denker? Na wer wohl? Aristoteles na-

---

[2] http://www.duden.de/rechtschreibung/Logik, Zugriff am 20.11.2015.

türlich, der alte Alleskönner. Er entwickelte die Syllogistik, ein System, nachdem aus zwei Aussagen auf eine dritte geschlossen wurde. Ein klassisches Beispiel: Aus den Aussagen „Alle Menschen sind sterblich" und „Alle Griechen sind Menschen" lässt sich logisch schlussfolgern, dass alle Griechen sterblich sind. So einfach ist es aber nicht immer. Manchmal verführt uns unsere Intuition zu Schlüssen, die sich beim genaueren Hinsehen als falsch herausstellen. Nur weil ich auf meine Gesundheit achte und Obst gesund ist, heißt das nicht automatisch, dass ich auch regelmäßig Obst esse. Möglicherweise mag ich gar kein Obst und esse stattdessen viel Gemüse, oder eine Fructose-Intoleranz zwingt mich dazu, auf Apfel und Co. zu verzichten. Mit voreiligen Schlüssen hat Logik also nichts zu tun – kein Wunder, schließlich ist sie von jeher eng mit der Philosophie verbunden.

Im 19. Jahrhundert fand die Logik zunehmend Eingang in die Mathematik, und zwar als eine Sprache, die sich dank ihrer Eindeutigkeit – entweder eine Aussage ist wahr oder sie ist falsch – perfekt dafür eignet, mathematische Sätze zu formulieren und Beweise zu führen. Der Engländer George Boole (1815–1864) beschrieb in seinem Hauptwerk „The Mathematical Analysis of Logic" von 1847 den ersten algebraischen Logikkalkül, ein formales Regelsystem, das vorgibt, wie sich aus gegebenen Aussagen weitere Aussagen ableiten lassen. Damit gilt Boole als einer der Begründer der modernen mathematischen Logik.

Aber Halt! Was hat das denn alles mit dem Computer zu tun?

Als Lehre des richtigen Schlussfolgerns ist die Logik nicht nur die Sprache der Mathematik, sondern auch der Computertechnik. Der richtige Umgang mit logischen Ausdrücken ist der Schlüssel, um zu verstehen, wie moderne Computer funktionieren.

2.2 Computer und Logik

Warum spricht der Computer eigentlich nicht unsere Sprache? Mal ab-
gesehen davon, dass weltweit etwa 7000 unterschiedliche menschliche
Sprachen existieren, ist das größte Problem die Mehrdeutigkeit sprachlicher Zeichen. Dabei können nicht nur Worte, wie „Bank" (Sitzgele-
genheit, Geldinstitut) oder „Leiter" (Stufengerät, Chef, physikalisches
Bauteil), sondern auch ganze Aussagen in die Irre führen, weil sie mehr
als nur eine Bedeutung haben.

   Bleiben wir im Deutschen und nehmen zum Beispiel die Aussage
„Ich sehe jemanden auf dem Balkon mit dem Fernglas". Auch wenn

uns dieser Satz wohl eher selten über die Lippen kommt, so eignet er sich doch recht gut zur Veranschaulichung sprachlicher Ungenauigkeit, denn er kann gleich vier unterschiedliche Bedeutungen haben. Er könnte zum einen bedeuten, dass ich mich auf einem Balkon befinde, mit einem Fernglas, durch das ich eine Person erblicke. Es könnte aber auch sein, dass sich die andere Person auf dem Balkon aufhält und ich sie durch mein Fernglas dort sehe. Oder ich sehe jemanden auf dem Balkon, der ein Fernglas bei sich hat. Aber auch der Balkon, auf dem eine Person steht, könnte mit einem Fernglas ausgestattet sein. Ganz schön verwirrend, oder?

Mehrdeutige Aussagen, wie sie in unserer Alltagssprache häufig vorkommen, können zu Missverständnissen führen. Ein Computer kann mit ungenauen Kommandos erst recht nichts anfangen. Die Computertechnik greift daher auf die Logik zurück, mit der es möglich ist, ganz klar definierte Aussagen zu formulieren, und in der es klare Regeln gibt, wie sich aus bestehenden Aussagen neue herleiten lassen.

2.3 Aussagenlogik

Und hier kommt die Aussagenlogik ins Spiel: Als Teilgebiet der klassischen Logik beschäftigt sie sich mit Aussagen und der Verknüpfung von
Aussagen zu neuen Aussagen.

Was ist überhaupt eine Aussage? Eine Aussage kann sich aus Wörtern
unserer natürlichen Sprache zusammensetzen, aber auch aus mathematischen Zeichen. Zwei Prinzipien gelten hier: zum einen das Prinzip der
Zweiwertigkeit, wonach eine Aussage nur entweder wahr oder falsch
sein kann, zum anderen das Extensionalitätsprinzip, das besagt, dass der
Wahrheitswert jeder Aussage eindeutig durch die Wahrheitswerte ihrer
Teilaussagen bestimmt ist. Ob eine Verknüpfung richtig oder falsch ist,
hängt also immer davon ab, ob ihre Einzelteile richtig oder falsch sind.
Hier einige Beispiele für Aussagen:

A1: Canberra ist die Hauptstadt von Australien.
A2: $10 \div 2 = 5$.
A3: Alle Hunde sind Rottweiler.
A4: Berlin ist eine Stadt mit mehr als 3 Millionen Einwohnern.

Nach kurzer Verunsicherung (Ist Sydney nicht die Hauptstadt von Australien?) lässt sich Aussage 1 zweifellos bejahen. Es ist kein Taschenrechner nötig, um der zweiten Aussage zuzustimmen. Dagegen ist die dritte Aussage – und da werden uns sicherlich viele Hundebesitzer recht geben – eindeutig falsch. Aussage 4 ist eine zusammengesetzte Aussage, die aus den Teilaussagen „Berlin ist eine Stadt" und „Berlin hat mehr als 3 Millionen Einwohner" besteht. Da beide Teilaussagen wahr sind, muss laut dem Extensionalitätsprinzip auch ihre Verknüpfung wahr sein.

In der natürlichen Sprache lassen sich Aussagen zum Beispiel mit den Worten „und", „oder", „wenn (...) dann" und „nicht" verknüpfen. Beispiele gefällig? Ich mag Rotwein *und* indisches Essen. Ich fahre mit dem Rad *oder* mit der Bahn zur Arbeit. *Wenn* mir kalt ist, *dann* drehe ich die Heizung auf. In der Logik werden solche Bindewörter als Junktoren bezeichnet. Anstatt jedoch einzelne Satzteile einer natürlichen Sprache zu verbinden, verknüpfen Junktoren logische Aussagen miteinander.

Es gibt noch einen entscheidenden Unterschied: Die Bedeutung eines Junktors ist eindeutig definiert. Dagegen können Bindewörter je nach Kontext eine unterschiedliche Bedeutung haben. So bedeutet „oder" in der Aussage „Heute Abend esse ich auswärts *oder* ich koche zu Hause", dass ich zwar zwischen den zwei Optionen wählen, mich aber nicht für beide gleichzeitig entscheiden werde. Das Bindewort „oder" ist hier im Sinne eines „entweder (...) oder" zu verstehen. Im Gegensatz dazu ist die folgende Aussage nicht ausschließend: „Wenn ich hungrig bin oder Appetit habe, esse ich". Ich esse also erstens, wenn ich Hunger habe, zweitens, wenn ich Lust auf etwas Bestimmtes habe, aber nicht unbedingt hungrig bin, und drittens, wenn ich Hunger *und* Appetit habe. In diesem Beispiel entspricht das Bindewort „oder" der Bedeutung „und/oder". Die in der Aussagenlogik verwendeten Junktoren lassen sich also nicht mit den Bindewörtern unserer natürlichen Sprache gleichsetzen.

2.4 Boolesche Algebra

Nicht nur in der Aussagenlogik können aus einfachen Aussagen komplexere zusammengesetzt werden. Gleiches gilt für die Boolesche Algebra, die die Grundlage für den Entwurf von elektronischen Schaltungen bis

hin zu Computern bildet. Diese wurde nach George Boole benannt, den
wir bereits als Begründer der mathematischen Logik kennengelernt haben, und der in seinem Logikkalkül zum ersten Mal Methoden der Algebra in der Aussagenlogik anwandte. Mithilfe der Booleschen Algebra
lassen sich elektronische Schaltungen beschreiben, entwickeln und opti-
mieren. Wie diese Schaltungen technisch realisiert werden, schauen wir
uns in Kap. 3 dieses Buches genauer an. Bleiben wir zunächst auf der
Logikebene.

Genau wie die Aussagenlogik kennt auch die Boolesche Algebra nur
die beiden Zustände „wahr" und „falsch", die den binären Werten „1"
und „0" entsprechen. Gut so, denn Computer „sprechen" Binär-Code,
können also nur Informationen verstehen und verarbeiten, die sich aus
den Zahlen 0 und 1 zusammensetzen. Bei elektronischen Schaltungen
entsprechen diese beiden Werte den Spannungszuständen „Strom fließt"
(1) und „Strom fließt nicht" (0).

2.4.1 Boolesche Operatoren

Die drei Grundverknüpfungen, aus denen sich in der Booleschen Algebra alle anderen Verknüpfungen zusammensetzen lassen, bilden die
uns schon bekannten Junktoren UND, ODER und NICHT. Sie werden
auch als Boolesche Operatoren bezeichnet. Zusätzlich zu diesen logischen Operatoren soll im Folgenden die Implikation – auch WENN-
DANN-Verknüpfung genannt – vorgestellt werden, da sie für die Lö-
sung unseres Einstiegsrätsels von Bedeutung ist und zu den wichtigsten
logischen Verknüpfungen gehört.

Insgesamt existieren für zwei Variablen A und B, die die Werte
„wahr" oder „falsch" annehmen können, 16 unterschiedliche Verknüpfungsmöglichkeiten. Warum gerade 16? Dies lässt sich wie folgt
herleiten: Zunächst gibt es für die zwei Variablen vier verschiedene
Kombinationen: wahr und wahr, wahr und falsch, falsch und wahr,
falsch und falsch. Diese Kombinationsmöglichkeiten können ihrerseits
wieder zwei verschiedene Ergebnisse haben, entweder sie sind wahr oder
falsch. Daraus ergeben sich für die vier Kombinationen insgesamt 16 unterschiedliche Ergebniskonstellationen. Verwirrt? Dann nehmen Sie sich
doch Stift und Zettel zur Hand und probieren es selbst aus: Wie viele

unterschiedliche Möglichkeiten finden Sie, die vier Felder der Tab. 2.1 mit den zwei Werten „wahr" oder „falsch" auszufüllen?

Die Anzahl der Verknüpfungsmöglichkeiten lässt sich übrigens auch mit der Formel 2^n berechnen. Das n steht dabei für die möglichen Kombinationen der Eingangsvariablen, der Wert 2 für die immer gleichbleibende Anzahl der aus den Kombinationen ableitbaren Ergebnisse.

Neben den bereits erwähnten Operatoren UND, ODER, NICHT und WENN-DANN gibt es also noch 12 andere Boolesche Verknüpfungen. Weitere für die Digitaltechnik wichtige Verknüpfungen, die sich allerdings aus den drei Grundoperatoren zusammensetzen lassen, sind die NICHT-UND-Verknüpfung – die Negation einer UND-Verknüpfung – und die NICHT-ODER-Verknüpfung – die Negation einer ODER-Verknüpfung. Die logischen Verknüpfungen werden auch als Boolesche Funktionen bezeichnet, bei deren Veranschaulichung uns Wertetabellen helfen. Mit ihnen lassen sich die Wahrheitswerte der Ausdrücke, die durch Boolesche Operatoren verknüpft sind, bestimmen.

UND-Verknüpfung (Konjunktion)
Die UND-Verknüpfung, auch Konjunktion genannt, deckt sich im Großen und Ganzen mit dem Gebrauch des Bindewortes „und" in unserer natürlichen Sprache. Die Behauptung, dass Berlin eine Stadt mit mehr als drei Millionen Einwohnern ist, kann nur dann richtig sein, wenn die beiden Aussagen „Berlin ist eine Stadt" *und* „Berlin hat mehr als drei Millionen Einwohner" wahr sind. Ein weiteres Beispiel für eine UND-Verknüpfung: „Wenn ich mir den Brückentag freinehmen kann *und* ein günstiges Bahnticket bekomme, besuche ich meine Eltern über Himmelfahrt." Meine Eltern können sich also nur über einen Besuch von mir freuen, wenn sowohl mein Arbeitgeber als auch die Deutsche Bahn mitspielen.

Symbolisiert wird die UND-Verknüpfung durch ein $\wedge$. Ein Blick in die Wertetabelle (Tab. 2.2) zeigt: Die Aussage A $\wedge$ B (gesprochen

Tab. 2.1 Boolesche Verknüpfungen

	A = wahr	A = falsch
B = wahr	*wahr o. falsch*	*wahr o. falsch*
B = falsch	*wahr o. falsch*	*wahr o. falsch*

„A und B") ist nur dann wahr, wenn sowohl A als auch B wahr sind. Schon bei einer falschen Teilaussage ist die gesamte Aussage falsch.

ODER-Verknüpfung (Disjunktion)
Kleine Wiederholung: Das Bindewort „oder" besitzt in der Umgangssprache zwei verschiedene Lesarten: zum einen im Sinne von „und/oder", wie in der Aussage „Die Wohnung ist nicht für Personen mit Kindern oder Haustieren geeignet", zum anderen in der Bedeutung von „entweder, oder": *„Entweder* gehe ich heute Abend noch unter die Dusche *oder* erst morgen früh". Es ist also Vorsicht geboten, denn die logische ODER-Verknüpfung entspricht lediglich der ersten Bedeutung, ist also im Sinne von „und/oder" zu verstehen und wird daher auch als „nichtausschließendes oder" bezeichnet. Daneben gibt es die ENTWEDER-ODER-Verknüpfung, die der zweiten Lesart entspricht.

Tab. 2.2 Wertetabelle UND-Verknüpfung

A	B	A ∧ B
falsch (0)	falsch (0)	falsch (0)
falsch (0)	wahr (1)	falsch (0)
wahr (1)	falsch (0)	falsch (0)
wahr (1)	wahr (1)	wahr (1)

Tab. 2.3 Wertetabelle ODER-Verknüpfung

A	B	A ∨ B
falsch (0)	falsch (0)	falsch (0)
falsch (0)	wahr (1)	wahr (1)
wahr (1)	falsch (0)	wahr (1)
wahr (1)	wahr (1)	wahr (1)

Die ODER-Verknüpfung heißt auch Disjunktion und wird durch das Symbol ∨ beschrieben. Wenn A ∨ B (gesprochen „A oder B") gilt, folgt, dass mindestens eine der beiden Aussagen wahr ist – es können aber auch beide Aussagen wahr sein, wie in der Wertetabelle (Tab. 2.3) der ODER-Verknüpfung zu sehen ist. Zum Beispiel hält der Bus, wenn Fahrgäste einsteigen (Aussage A) oder austeigen (Aussage B) wollen. Er hält also in drei Fällen (A ∨ B ist wahr): wenn Personen in den Bus einsteigen (Aussage A ist wahr), aber keine aussteigen möchten (Aussage B ist falsch), wenn Personen aussteigen wollen (Aussage B ist wahr), aber niemand an der Haltestelle steht, der hinzusteigen möchte (Aussage A ist falsch), und wenn sowohl Fahrgäste den Bus verlassen, als auch neue Fahrgäste zusteigen wollen (beide Aussagen sind wahr).

Tab. 2.4 Wertetabelle ENTWEDER-ODER-Verknüpfung

A	B	A $\oplus$ B
falsch (0)	falsch (0)	falsch (0)
falsch (0)	wahr (1)	wahr (1)
wahr (1)	falsch (0)	wahr (1)
wahr (1)	wahr (1)	falsch (0)

Bei der ENTWEDER-ODER-Verknüpfung (Tab. 2.4) mit dem Symbol $\oplus$ (A $\oplus$ B – gesprochen „entweder A oder B") würde der Bus im Gegensatz dazu nur in zwei Fällen halten: *entweder*, wenn Fahrgäste einsteigen wollen *oder* aber, wenn Fahrgäste aussteigen wollen. Ist beides der Fall, so rauscht der Bus einfach an der Haltestelle vorbei ohne zu halten. Wie ärgerlich! Lange würden sich das die Fahrgäste der städtischen Verkehrsbetriebe sicher nicht gefallen lassen.

Eine ENTWEDER-ODER-Verknüpfung ist aber keineswegs nutzlos: So lässt sich mit ihr etwa eine Wechselschaltung in einem Treppenhaus mit zwei Lichtschaltern (A und B) realisieren. Betätige ich den Lichtschalter A am Treppenaufgang, schaltet sich das Licht ein, es gilt $A = 1$ und $B = 0$, der Strom fließt. Oben angekommen, kann ich das Licht wieder ausknipsen, indem ich auf den zweiten Schalter B drücke, $A = 1$ und $B = 1$, der Strom fließt nicht.

NICHT-Verknüpfung (Negation)
„Canberra ist *nicht* die Hauptstadt von Australien" – die Verneinung einer Aussage wird auch als NICHT-Verknüpfung oder Negation (Tab. 2.5) bezeichnet, denn sie kehrt den Wahrheitswert der Aussage um: Aus „wahr" wird „falsch" und aus „falsch" wird „wahr". Anders ausgedrückt: Eine negierte Aussage ist immer genau dann wahr, wenn die Aussage falsch ist. Das Symbol, das die Negation ausdrückt, ist $\neg$, die Verneinung der Aussage A lautet somit $\neg A$ (gesprochen „nicht A").

Nehmen wir die Aussage „Es regnet" – die Negation davon lautet „Es regnet *nicht*". Eigentlich ganz einfach oder? Aber Vorsicht vor vermeintlichen Gegensätzen: „Die Sonne scheint" ist nicht die Verneinung von „Es regnet". Schließlich muss die Sonne nicht unbedingt scheinen, nur weil es nicht regnet. Es könnte auch bewölkt oder nebelig sein, schneien, oder alles zugleich.

Tab. 2.5 Wertetabelle NICHT-Verknüpfun

A	¬A
falsch (0)	wahr (1)
wahr (1)	falsch (0)

Implikation

Die Implikation wird auch als WENN-DANN-Verknüpfung bezeichnet:
„*Wenn* der Geschirrspüler kaputt ist, *dann* spüle ich das Geschirr selbst."
Bei dieser logischen Verknüpfung folgt aus einer Aussage A (*wenn* der
Geschirrspüler kaputt ist) eine Aussage B *(dann* spüle ich das Geschirr
selber), das bedeutet, B ist dann gültig, wenn A gilt. Gezwungenermaßen
spüle ich meine Teller und Tassen also immer dann selbst, wenn mich die
Technik im Stich lässt.

Das Symbol für die Implikation ist ⇒ und die formale Schreibweise
lautet A ⇒ B (gesprochen „wenn A, dann B"), wobei A als Prämisse
und B als Konklusion bezeichnet werden. Allerdings besteht bei dieser
logischen Verknüpfung nicht notwendigerweise ein kausaler Zusammen-
hang zwischen A und B, wie das folgende Beispiel zeigt: „*Wenn* Canberra die Hauptstadt von Australien ist, *dann* ist heute Montag." So kann
die Implikation wahr sein, weil die Teilaussagen zutreffend sind, ohne
dass A und B einander bedingen: Dass Canberra die Hauptstadt Australiens ist, würde schließlich auch dann der Wahrheit entsprechen, wenn
heute nicht Montag wäre. Wichtig ist: Sobald A gilt, muss auch B gelten,
damit die Implikation wahr ist.

Aber: Eine Implikation ist nicht umkehrbar, das heißt, wenn B gilt,
muss nicht zwangsläufig A gelten. Aus der Aussage, dass ich mein Geschirr selbst abwasche, wenn der Geschirrspüler den Geist aufgegeben
hat, lässt sich nicht automatisch schließen, dass die Spülmaschine immer
kaputt ist, wenn ich meine Teller und Tassen händisch spüle. Es könnte
auch sein, dass kein weiteres Geschirr mehr in die Maschine hineinpasst
oder ich keine Lust habe, das saubere Geschirr auszuräumen und deswe-
gen selbst abwasche.

Die Wertetabelle (Tab. 2.6) zeigt: Eine Implikation ist nicht nur wahr,
wenn beide Aussagen richtig sind, sondern auch immer dann, wenn die
Prämisse falsch ist. Wie kann das sein? Dieses Prinzip wird „ex falso
quodlibet" genannt oder zu Deutsch: „Aus Falschem folgt Beliebiges".
Wenn also Canberra in Wahrheit gar nicht die Hauptstadt von Australien
wäre, sondern Sydney, würde es keine Rolle spielen, ob heute Montag ist
oder nicht – die Implikation wäre wahr, weil die Prämisse „wenn Canberra die Hauptstadt von Australien ist" falsch ist.

Tatsächlich ist Canberra aber die australische Hauptstadt (ist nun mal
so), daher ist in unserem Beispiel die Implikation auch nur dann gültig,
wenn die Konklusion wahr und heute Montag. Falsch wäre die Implikation lediglich in einem einzigen Fall: Nur dann und genau dann, wenn
Canberra zwar die Hauptstadt Australiens, heute aber nicht Montag ist.

Tab. 2.6 Wertetabelle Implikation

A	B	A $\Rightarrow$ B
falsch (0)	falsch (0)	wahr (1)
falsch (0)	wahr (1)	wahr (1)
wahr (1)	falsch (0)	falsch (0)
wahr (1)	wahr (1)	wahr (1)

2.4.2 Regeln der Booleschen Algebra

Schon mal was vom Kommutativgesetz, Assoziativgesetz und Distributivgesetz gehört? Der eine oder die andere erinnert sich an diese drei Rechenregeln vielleicht noch aus dem Mathematikunterricht in der Schule. Noch unbekannt dürften der mathematischen Laiin und dem mathematischen Laien dagegen die De Morgan'schen Gesetze sein. In der Booleschen Algebra können mithilfe dieser und weiterer Rechenregeln logische Verknüpfungen in vielfältiger Art und Weise umgeformt und vereinfacht werden.

Für die Digitaltechnik ist die Kenntnis besagter Regeln von großer Bedeutung, da sich Boolesche Ausdrücke direkt in Computerhardware übersetzen lassen (mehr dazu in Kap. 3). Die Umformung und Vereinfachung der Ausdrücke wirkt sich somit unmittelbar auf deren technische Umsetzung aus. Das heißt: Je kürzer und einfacher eine Funktion wird, desto kleiner und dementsprechend billiger und/oder schneller wird ihre Hardwareentsprechung.

Kommutativgesetz

Das Kommutativgesetz, auch Vertauschungsgesetz genannt, sagt aus, dass es bei Rechenoperationen, wie der Addition oder der Multiplikation, nicht auf die Reihenfolge ankommt: Drei plus fünf ist dasselbe wie fünf plus drei, drei mal fünf dasselbe wie fünf mal drei. Ist doch logisch! Ob ich mir nun bewusst mache, wie viele Kalorien ich zum Frühstück zu mir genommen habe, indem ich die Kalorien der beiden Schokocroissants zu denen des Butterstreuselkuchens addiere. Oder ich zähle die Energiewerte des Butterstreuselkuchens zu denen der Schokocroissants hinzu. Ich kann es drehen und wenden wie ich will, es

ändert weder etwas an der Gesamtkalorienzahl noch an der Tatsache
eines ziemlich kalorienreichen Frühstücks.

Aber: Das Kommutativgesetz gilt, genauso wie die anderen hier erwähnten Rechenregeln auch, nur für bestimmte Rechenoperationen –
Division und Subtraktion zählen zum Beispiel nicht dazu. Und so spa-
re ich durch den Verzicht auf eines der beiden Schokocroissants weit
weniger Kalorien ein, als wenn ich mir den deutlich gehaltvolleren Butterstreuselkuchen verkneife. Entsprechend dieses, zugegebenermaßen etwas frustrierenden Beispiels, lassen sich auch in der Booleschen Algebra
die Variablen bei der UND- und bei der ODER-Verknüpfung miteinander
vertauschen ohne dass sich das Ergebnis ändert.

Es gilt:

$$A \wedge B = B \wedge A$$
$$A \vee B = B \vee A$$

Assoziativgesetz
Auch das Assoziativgesetz kennen wir noch aus dem Mathematikunterricht. Es besagt, dass die Reihenfolge, in der man mehrere Operationen
ausführt, keine Rolle spielt. Im Gegensatz zum Kommutativgesetz be-
trifft dies jedoch nicht die Abfolge der einzelnen Operanden. Stellen
wir uns zum Beispiel vor, wir wollten die französische Flagge nähen:
Dann könnten wir zunächst einen blauen und einen weißen Stoffstreifen
zusammennähen, um dann schließlich die weiße Seite des blau-weißen
Ergebnisses mit dem roten Streifen zu verbinden. Wir könnten aber auch

zuerst weiß und rot mit Nadel und Faden aneinanderfügen und im An-
schluss den blauen Teil an den weißen Stoffstreifen nähen – das Resultat
wäre in beiden Fällen dasselbe. Anders als beim Kommutativgesetz lassen sich beim Assoziativgesetz die Operanden, in unserem Beispiel die
Streifen, aber nicht beliebig vertauschen – sonst erhalten wir am Ende unserer Näharbeit statt einer französischen möglicherweise eine zu
schmal geratene russische Flagge.

Das Assoziativgesetz lässt sich auch auf die Boolesche Algebra anwenden: Sowohl bei einer ODER- als auch bei einer UND-Verknüpfung,
die aus drei Variablen besteht, kann ich zunächst zwei der Variablen miteinander und das Ergebnis anschließend mit der dritten Variable verknüpfen. Egal wie ich die Reihenfolge der beiden Operationen vertausche, das
Ergebnis bleibt immer dasselbe.

Es gilt:

$$(A \wedge B) \wedge C = A \wedge (B \wedge C)$$
$$(A \vee B) \vee C = A \vee (B \vee C)$$

Distributivgesetz
Das Distributivgesetz wird auch als Klammerregel bezeichnet, denn es
schreibt vor, wie Klammern bei der Verknüpfung zweier unterschiedlicher Rechenarten aufgelöst werden müssen. Zur Erinnerung: Klammern
werden in der Mathematik gesetzt, um den Vorrang einer Rechenoperation vor anderen Operationen in der Rechenreihenfolge auszudrücken. Ein
Beispiel: $(6 + 6) \times 4 = 12 \times 4 = 48$. Das Distributivgesetz ermöglicht
es uns nun zudem, eine eingeklammerte Summe mit einem Faktor zu
multiplizieren, indem wir jeden Summanden mit diesem Faktor multiplizieren und die sich daraus ergebenden Produkte anschließend addieren,
das heißt: $(6 + 6) \times 4 = 6 \times 4 + 6 \times 4 = 48$.

Habe ich an drei aufeinander folgenden Tagen jeweils zwei Schokocroissants und einen Butterstreuselkuchen zum Frühstück verdrückt,
kann ich mir mithilfe des Distributivgesetzes ausrechnen, um wie viele
Kalorien mein wöchentliches Kalorienkonto gestiegen ist. Dazu multipliziere ich sowohl die Kalorien des Butterstreuselkuchens als auch den
Kalorienwert für zwei Schokocroissants mit dem Wert drei (für drei Tage
morgendlichen Schlemmens). Wenn ich die sich daraus ergebenden ener-
giereichen Produkte dann addiere, erhalte ich eine Gesamtkalorienzahl,
die ich besser hätte nicht ausrechnen sollen.

Jedoch gilt das Distributivgesetz nur, wenn ich eine Summe mit einem Faktor multipliziere, nicht aber, wenn ich zu einem Produkt einen
Summanden addiere. In letzterem Fall gilt die Punkt-vor-Strichrechnung
(Multiplikation vor Addition), daher sind keine Klammern nötig. Anders
sieht die Sache in der Booleschen Algebra aus: Egal, ob ich nun eine Variable durch ein ODER mit einem UND verknüpfe oder durch ein UND
mit einer ODER: In beiden Fällen muss die Variable außerhalb der Klammer mit jeder Variable in der Klammer verknüpft werden.
    Es gilt:

$$A \lor (B \land C) = (A \lor B) \land (A \lor C)$$
$$A \land (B \lor C) = (A \land B) \lor (A \land C)$$

De Morgansche Gesetze
Die De Morganschen Gesetze sind zwei grundlegende Regeln der Booleschen Algebra, die nach dem Mathematiker Augustus De Morgan (1806–
1871) benannt sind. Sie beziehen sich auf die Verneinung bzw. Negation
zweier durch UND oder durch ODER verknüpfter Aussagen.

Angenommen, zu meinem reichhaltigen Frühstück gehört auch eine Tasse Kaffee. Dann habe ich mehrere Möglichkeiten, der Kellnerin im Café zu sagen, wie ich diesen gerne trinke. Ich könnte zum Beispiel sagen: „Ich trinke Kaffee, der *keine* Milch *und keinen* Zucker enthält." Ebenso gut könnte ich mich aber auch auf den guten De Morgan besinnen und meine Aussage folgenermaßen formulieren: „Ich trinke *keinen* Kaffee, der Milch *oder* Zucker enthält." Auch wenn es wohl eher unüblich ist, zu sagen, wie man etwas *nicht* trinkt, wenn doch eigentlich das Gegenteil gefragt ist – die Kellnerin sollte in jedem Fall verstehen, dass ich meinen Kaffee nur schwarz und ungesüßt trinke, nicht nur, aber auch, weil das kalorientechnisch nicht noch zusätzlich ins buchstäbliche Gewicht fällt.

Das Beispiel zeigt: Mithilfe der De Morgan'schen Gesetze lässt sich aus einem Ausdruck, der zwei negierte Variablen durch den Booleschen Operator UND miteinander verknüpft (wenn Kaffee, dann *keine* Milch *und kein* Zucker) eine negierte ODER-Verknüpfung (*kein* Kaffee, wenn Milch *oder* Zucker) formen. Ebenso kann ich eine ODER-Verknüpfung mit zwei negierten Variablen in eine negierte UND-Verknüpfung umwandeln.

Es gilt:

$$(\neg A) \wedge (\neg B) = \neg(A \vee B)$$
$$(\neg A) \vee (\neg B) = \neg(A \wedge B)$$

2.5 Des Rätsels Lösung

Zurück zu unserem Einstiegsrätsel. Hier nochmal zur Erinnerung:

Andreas, Benjamin und Clemens stehen vor Gericht, aber nur einer von ihnen ist schuldig.

Andreas behauptet, unschuldig zu sein.

Benjamin bestätigt, dass Andreas unschuldig ist.

Clemens behauptet schließlich, selbst schuldig zu sein.

Im Verlauf des Gerichtsverfahrens stellt sich heraus, dass der Schuldige gelogen hat. Wer ist der Schuldige?

Das Rätsel lässt sich jetzt mit Hilfe der uns mittlerweile bekannten logischen Verknüpfung Implikation lösen. Dazu filtern wir zunächst die zwei wichtigen Aussagen „Nur einer ist schuldig" und „Der Schuldige hat gelogen" heraus. Dann nehmen wir jeweils an, dass einer der drei Angeklagten, also entweder Andreas, Benjamin oder Clemens schuldig ist.

Beginnen wir mit Clemens, der sich selbst der Tat bezichtigt: Aus der Prämisse A „Nur Clemens ist schuldig", folgt die Konklusion B „Clemens hat gelogen". Es gilt $A \Rightarrow B$, wenn A wahr ist, muss auch B wahr sein. Wäre die Prämisse wahr, müsste Clemens folglich gelogen haben. Da er aber behauptet, schuldig zu sein, was unter der gegebenen Annahme der Wahrheit entspricht, ist die Konklusion und damit auch die Implikation falsch. Wir können Clemens also als Schuldigen ausschließen.

Wie sieht es nun mit Benjamin aus, der die Unschuld seines Mitangeklagten Andreas bestätigt? Aus der Annahme „Nur Benjamin ist schuldig", folgt „Benjamin hat gelogen". Wenn Benjamin nicht die Wahrheit gesagt hat, so ist Andreas, entgegen Benjamins Aussage, automatisch auch schuldig. Wir wissen aber, dass nur einer von den dreien schuldig ist. Die Prämisse, dass *nur* Benjamin schuldig ist, wäre demnach falsch, daher ist Benjamin nicht der Schuldige.

Und Andreas? Wenn wir annehmen, dass Andreas der einzig Schuldige ist, dann war seine Aussage eine Lüge. Und wenn Andreas gelogen hat, dann ist er nicht wie behauptet „unschuldig". Die Implikation „Wenn Andreas der Schuldige ist, dann hat Andreas gelogen" ist also wahr und wir haben durch logisches Denken und mithilfe der Booleschen Algebra den Täter überführt und das Rätsel gelöst.

Literaturkasten

Wen jetzt die Lust am logischen Denken gepackt hat, sei an dieser Stelle auf den US-amerikanischen Mathematiker und Logiker Raymond Smullyan (geb. 1919) verwiesen. Dieser ist für seine populärwissenschaftlichen Werke mit logischen Rätseln und philosophischen Geschichten bekannt, die sich in der Umgebung von allerlei fantastischen Gesellschaften zutragen.

Hier eine Auswahl:

Smullyan, Raymond (1983): Dame oder Tiger? Logische Denk-
spiele und eine mathematische Novelle über Gödels große Entde-
ckung. Krüger Verlag, Frankfurt am Main

Smullyan, Raymond (1986): Spottdrosseln und andere Metavögel.
Krüger Verlag, Frankfurt am Main

Smullyan, Raymond (1989): Logik-Ritter und andere Schurken.
Diabolische Rätsel, interplanetarische Verwicklungen und Gö-
del'sche Systeme. Krüger Verlag, Frankfurt am Main

Und wer sich noch ausführlicher mit den logischen Grundbegriffen
und der Bedeutung der Logik für die Informatik auseinandersetzen
möchte, dem sei folgendes Buch empfohlen:

Schenke, Michael (2013): Logikkalküle in der Informatik. Wie
wird Logik vom Rechner genutzt? Springer Vieweg, Wiesbaden

Die Hardware

In Kap. 2 haben wir die logischen Verknüpfungen der Booleschen Algebra kennengelernt, mit denen sich in der Aussagenlogik aus einfachen Aussagen komplexere zusammensetzen lassen. Wie aber können diese Operationen technisch realisiert und in ein physisches System übertragen werden? Um dieser Frage nachzugehen, verlassen wir die Ebene der Logik und wenden uns der Hardware zu.

Als Hardware werden alle mechanischen und elektronischen Komponenten eines Computers bezeichnet, also alles das, was materiell und damit prinzipiell anfassbar ist. Allerdings sind viele Komponenten im Rechner so mikroskopisch klein, dass wir sie nicht mit bloßem Auge betrachten, geschweige denn in die Hand nehmen können. Wozu ein Rechner grundsätzlich in der Lage ist und wozu nicht, wird maßgeblich durch seine Hardware definiert. Das Herzstück und die zentrale Recheneinheit eines jeden Rechners ist der Prozessor, auch als CPU (englisch für „central processing unit", zu Deutsch „zentrale Verarbeitungseinheit") bezeichnet. Dabei handelt es sich um eine elektronische Schaltung, die auf einem Chip, also einem sehr dünnen, meist nur einige Quadratmillimeter großen Siliziumplättchen aufgebracht ist. Dank der CPU ist ein Rechner programmierbar, das heißt, er kann Programme, die sogenannte Software, ausführen – Software deshalb, weil sie im Gegensatz zur Hardware nicht physisch ist, man kann sie also nicht anfassen, nicht mal prinzipiell.

© Springer-Verlag GmbH Deutschland 2017
R. Drechsler et al., *Computer*, Technik im Fokus, DOI 10.1007/978-3-662-53060-3_3

3.1 Von-Neumann-Architektur

Das Grundkonzept der meisten Rechnersysteme orientiert sich an der
sogenannten Von-Neumann-Architektur, die nach dem österreichisch-
ungarischen Mathematiker John von Neumann (1903–1957) benannt
wurde, der das Konzept 1945 beschrieb. Bereits 1937 realisierte der
deutsche Ingenieur und Computerpionier Konrad Zuse (1910–1995)
die wesentlichen Ideen dieser Rechnerarchitektur in seiner legendären
Rechenmaschine „Z1", deren Nachfolger die ersten universell program-
mierbaren Computer waren. Die Von-Neumann-Architektur lässt sich
grob in drei Teilsysteme unterteilen: Prozessor, Speicher und Ein-
gabe/Ausgabe (Abb. 3.1). Der Prozessor ist für die Ausführung der
Rechenoperationen zuständig, der Speicher stellt den Speicherplatz für
Programme und Daten zur Verfügung und die über den Prozessor gesteu-
erte Eingabe/Ausgabe ermöglicht – wie es der Name schon sagt – die
Eingabe von Daten, etwa per Maus oder Tastatur, und deren Ausgabe,
zum Beispiel über den Bildschirm oder den Drucker. Die Verbindung
der einzelnen Komponenten untereinander erfolgt über den sogenannten
Systembus, der alle Leitungen umfasst, über die der Prozessor mit den
restlichen Computerbestandteilen kommuniziert.

Um die ihr zugewiesenen Rechenoperationen Schritt für Schritt
verarbeiten zu können, besitzt jede CPU ein Rechenwerk, auch als
arithmetisch-logische Einheit bezeichnet (englisch für „arithmetic logic
unit", daher oft abgekürzt als ALU), mit dessen Funktionsweise wir
uns in Kap. 5 noch näher beschäftigen. Das Rechenwerk führt zum
Beispiel arithmetische Operationen, wie Addition, Subtraktion, Multiplikation und Division, oder die verschiedenen logischen Verknüpfungen
(UND, ODER, NICHT usw.) durch. Eine weitere wichtige Komponen-
te der CPU ist das Steuerwerk (englisch „control unit", kurz CU), das
den Ablauf der Befehlsverarbeitung steuert: Nacheinander liest es die
Befehle des laufenden Programms aus dem Arbeitsspeicher aus, inter-
pretiert sie und veranlasst gegebenenfalls deren Ausführung durch das
Rechenwerk. Der Arbeitsspeicher befindet sich dabei meist außerhalb
des Prozessors und enthält das gerade auszuführende Programm sowie
die dafür benötigten Daten. Aber auch innerhalb des Prozessors können
Daten in sogenannten Cachespeichern und Registern gespeichert wer-

Abb. 3.1 Schematische
Abbildung einer Von-
Neumann-Architektur

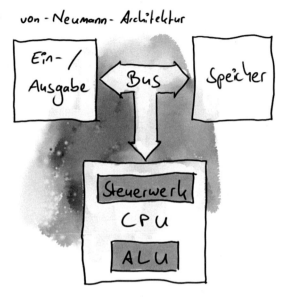

den, um während des Programmablaufs noch schneller darauf zugreifen zu können. Zur dauerhaften Speicherung von Daten dienen zum Beispiel Festplatten oder Massenspeicher wie CDs, DVDs oder USB-Sticks, auf die der Prozessor jedoch keinen direkten Zugriff hat.

3.2 Transistoren

Mit dem physischen Aufbau eines Rechners hängt es schließlich auch zusammen, dass dieser nur binäre Informationen speichern und verarbeiten kann. Doch was heißt eigentlich binär? Viele Dinge unserer realen Welt sind analog, das bedeutet: Würden wir in irgendeiner Form Messungen an ihnen durchführen, könnten unsere Messergebnisse nicht nur 0 und 1, sondern auch unendlich viele Werte darüber, darunter und dazwischen annehmen. So lassen sich zum Beispiel die Größe eines Menschen, die Außentemperatur oder die Lautstärke des Straßenlärms auf beliebig viele Nachkommastellen exakt messen – vorausgesetzt natürlich, wir verfügen über ein geeignetes Messgerät. Im Gegensatz dazu kann eine digitale Größe nur endlich viele Werte annehmen. Somit lässt sich alles, was zählbar ist, digital abbilden, zum Beispiel die Gangschaltung im Auto (1. Gang, 2. Gang, 3. Gang, 4. Gang, 5. Gang, 6. Gang, Rückwärtsgang), die 24 Türchen eines Adventskalenders oder die Anzahl der in einer Stadt lebenden Menschen. Digital kommt übrigens vom lateinischen Wort Digitus und bedeutet Finger – mit denen es sich ja auch wunderbar zählen lässt. Die Begriffe digital und binär werden häufig synonym verwendet, allerdings bedeutet binär, dass das Messergebnis lediglich zwischen zwei Werten wechseln kann: Ein Parkplatz ist entweder frei oder er ist belegt, ein Geschäft entweder offen oder geschlossen, das Licht ist entweder an oder aus.

Ebenso wie ein Lichtschalter kann auch ein elektronischer Schalter zwischen zwei Zuständen wechseln, weshalb er sich hervorragend zur Umsetzung logischer Verknüpfungen eignet. In der Digitaltechnik fungieren Transistoren als Schalter, die den Stromfluss in elektronischen Schaltungen regeln, ähnlich wie eine Schranke den Verkehr. Doch wie funktioniert das genau? Ein Transistor verfügt über drei Anschlüsse: die Basis, den Kollektor und den Emitter. Abhängig von der Spannung, die

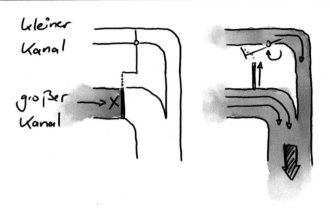

Abb. 3.2 Schleusenmodell eines Transistors

an der Basis anliegt, fließt der Strom vom Kollektor zum Emitter. Stark vereinfacht lässt sich die Funktionsweise des Transistors anhand eines Schleusenmodells erklären (Abb. 3.2): Ein kleinerer Wasserkanal ist mit einem größeren verbunden, wobei der Wasserfluss in den Kanälen durch zwei Schleusenklappen reguliert wird. Fließt nun durch den kleinen Kanal Wasser, drückt dieses gegen die Schleusenklappe. Ist der Druck groß genug, öffnet sich die Klappe, wodurch ein Mechanismus ausgelöst wird, der automatisch auch die Schleuse im großen Kanal öffnet. Auf diese Weise kann nicht nur das Wasser aus dem kleinen Kanal ungehindert fließen, sondern auch die größere Menge Wasser, die durch die Schleuse im großen Kanal zurückgehalten wurde. So ähnlich funktioniert das auch im Transistor: Durch einen kleineren Basisstrom lässt sich ein größerer Kollektorstrom steuern.

Transistoren sind die elementaren Bauteile, auf denen die logischen Schaltungen in unseren Computerchips beruhen. Sie finden sich heute in nahezu jedem elektronischen Gerät und kommen in modernen Prozessoren millionen- oder sogar milliardenfach vor. Ohne Transistoren wären Computer, wie wir sie heute kennen, kaum vorstellbar.

1948 erfanden die amerikanischen Forscher John Bardeen (1908–1992), Walter H. Brattain (1902–1987) und William Shockley (1910–1989) den Transistor in den Bell Laboratories. Eine bahnbrechende Erfindung, für die sie 1956 den Nobelpreis für Physik erhielten. Was folgte, war eine rasante Entwicklung: Bereits in den 60er-Jahren stellte Intel-Mitbegründer Gordon Moore (geb. 1929) eine Vorhersage auf – später als Mooresches Gesetz bezeichnet –, wonach sich die Anzahl der Transistoren in Computer-Chips etwa alle 18 Monate verdoppelt. Und er sollte Recht behalten: Bestanden die Rechner in den 70er-Jahren noch aus einigen Tausend Transistoren, sind es in heutigen Prozessoren bereits mehrere Milliarden. Zugebenermaßen eine nur schwer vorstellbare Zahl. Zur Veranschaulichung: Angenommen das Buch, das Sie gerade lesen, enthielte eine Milliarde Zeichen und auf eine Buchseite passten etwa 3000 davon, dann müssten Sie sich jetzt durch mehr als 300.000 Buchseiten quälen. Aber keine Panik: Wir haben versucht, uns kurz zu fassen. Auch sehr beliebt zur Illustration großer Zahlen: Mit einer Milliarde Schritten ließe sich der Globus rund 15 Mal umrunden (bei einem Erdumfang von 40.000 km und einer durchschnittlichen Schrittlänge von 60 cm) und es wären ungefähr 30 Jahre nötig, um einmal laut bis eine Milliarde zu zählen (vorausgesetzt, man benötigte für das Aussprechen einer Zahl nur durchschnittlich eine Sekunde). Doch zurück zu den Transistoren: Stellen wir uns vor, jeder einzelne davon wäre ein Mensch. Dann tummelten sich heute bereits ganz China und Indien dort, wo anfangs nur die Bewohner einer deutschen Kleinstadt Platz fanden. Nicht mehr lange und die gesamte Weltbevölkerung passt auf einen einzigen Chip. Ganz schön beeindruckend, oder?

Dieses erstaunliche Wachstum vollzieht sich vor allem aufgrund der permanenten Optimierung in der Chipherstellung. So können moderne

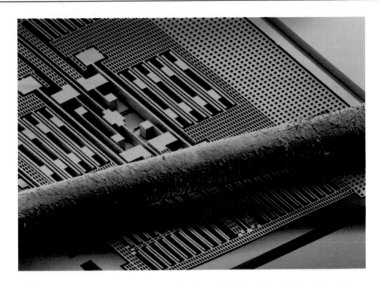

Abb. 3.3 Größenvergleich Computerchip/menschliches Haar. (Foto: Bosch)

Transistoren so mikroskopisch klein sein, dass rund 30 Millionen davon auf eine Nadelspitze passen. Kein Wunder: Jeder einzelne von ihnen ist fast 4000 Mal dünner als ein menschliches Haar (Abb. 3.3: Größenvergleich Chip/menschliches Haar). Und sie werden immer schneller: Ihre Schaltgeschwindigkeit liegt mittlerweile im Nanosekundenbereich. Logisch, dass sich diese extrem winzigen Hardware-Teilchen nicht einzeln per Hand auf einem Chip anordnen lassen.

Klick ins Netz: Video „Moores Law"
https://www.youtube.com/watch?v=E0Y-mdmcygQ

Kleiner Exkurs in den Herstellungsprozess eines Halbleiterchips (stark vereinfacht)

Computerchips und die darauf befindlichen Transistoren bestehen aus Silizium, das als Halbleiter elektrische Signale übertragen kann und gleichzeitig die notwendigen Eigenschaften für die Funktionalität eines Chips mitbringt. Zu Beginn der Chipherstellung wird aus flüssigem Reinsilizium ein Siliziummonokristall gezüchtet, der anschließend in einzelne Scheiben, die sogenannten Wafer, gesägt wird (Abb. 3.4). Auf die polierte, spiegelglatte Oberfläche eines jeden Wafers, der heute einen Durchmesser von bis zu 450 mm hat, wird ein Lack aufgetragen. Die darauffolgende Bestrahlung der lackierten Oberfläche mit UV-Licht löst, ähnlich wie in der analogen Fotografie, eine chemische Reaktion aus. Eine Belichtungsmaske gibt dabei das Belichtungsmuster und damit die späteren Strukturen – die Schaltungen mit ihren vielen Milliarden Bauteilen – auf dem Chip vor. Der so strukturierte Wafer wird dann mit auf 300.000 km/h beschleunigten Ionen beschossen, von denen ein Teil in dessen Oberfläche eindringt. Dieser Prozess wird auch als Dotierung bezeichnet und beeinflusst die elektrische Leitfähigkeit des Siliziums. In eine hiernach aufgebrachte Isolierschicht werden für jeden Transistor drei Löcher hineingeätzt, die mit Kupfer gefüllt als Kontakte (Kollektor, Basis, Emitter) die Verbindung zu anderen Transistoren ermöglichen. Zusätzliche Metallschichten „verkabeln" mehrere Milliarden Transistoren miteinander und ermöglichen so die Realisierung komplexer elektronischer Schaltungen.

Noch auf dem Wafer wird jeder einzelne Chip auf korrekte Reaktionen hin überprüft. Anschließend wird der Wafer in einzelne Teile, sogenannte Dies (zu Deutsch „Würfel", „Plättchen"), zersägt. Diejenigen Dies, die in Tests falsche oder gar keine Reaktionen zeigen, werden aussortiert, alle anderen in ein Gehäuse eingebaut – fertig ist der Computerchip.

3.3   Logik auf Hardwareebene

Die winzigen Transistoren spielen als zentraler Bestandteil von Logikgattern eine herausragende Rolle in der Computertechnik. Logikgatter
sind elektronische Bauelemente, mit denen sich die Grundfunktionen
der Aussagenlogik imitieren und Boolesche Funktionen realisieren lassen – und zwar, indem sie Energie in Form von elektrischem Strom
aufnehmen und sie unter bestimmten Bedingungen wieder abgeben.
Die drei logischen Grundverknüpfungen der binären Schaltungstechnik
UND, ODER und NICHT haben wir bereits im zweiten Kapitel (Kap. 2)
kennengelernt. Zu jeder dieser Verknüpfung existiert ein entsprechender
Logikbaustein: das UND-Gatter, das ODER-Gatter und das NICHT-
Gatter. Aus diesen Grundbausteinen lassen sich alle anderen Verknüp-
fungsschaltungen zusammensetzen.

   Zur technischen Realisierung der logischen Gatter ist eine bestimmte
Anzahl von Transistoren notwendig, die vom Typ und der Zahl der Eingänge des Gatters abhängt. Die Funktionalität eines Gatters lässt sich am

Abb. 3.4 Siliziumkristalle und Wafer – Pressebild des Fraunhofer IISB. (Quelle:
Kurt Fuchs/Fraunhofer IISB)

Abb. 3.5 Schematische Abbildung eines Stromkreises,
der sich wie ein UND-Gatter
verhält

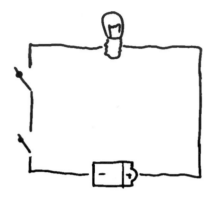

Beispiel eines Stromkreises veranschaulichen, bestehend aus Schaltern,
die durch das Anlegen einer Spannung betätigt werden. Den Ausgang des
Gatters bildet eine Glühlampe, die entweder leuchtet oder nicht leuchtet.

UND-Gatter

Das UND-Gatter (Abb. 3.6) setzt sich aus mindestens zwei Eingängen
zusammen, an denen eine Spannung anliegen kann. Um es zu bauen,
sind genauso viele Transistoren notwendig, wie das Gatter Eingänge hat,
also mindestens zwei. Auf unser Beispiel mit der Glühlampe übertragen,
heißt das: Die Schalter sind in einem Stromkreis in Reihe mit der Lampe
und einer Batterie geschaltet (Abb. 3.5). Egal welcher der Schalter einzeln gedrückt wird, die Lampe leuchtet nicht. Warum? Genau wie bei der
UND-Verknüpfung, die nur dann wahr ist, wenn beide Aussagen wahr
sind, leuchtet die Lampe in einem UND-Gatter nur, wenn beide Schalter
betätigt wurden, der Strom also ungehindert fließen kann.

Abb. 3.6 Schaltsymbol
eines UND-Gatters

Abb. 3.7 Schematische Abbildung eines Stromkreises, der sich wie ein ODER-Gatter verhält

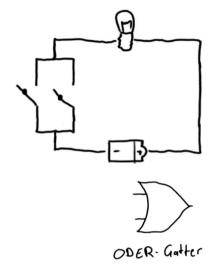

Abb. 3.8 Schaltsymbol eines ODER-Gatters

ODER- Gatter

ODER-Gatter

Das ODER-Gatter (Abb. 3.8) hat genau wie das UND-Gatter mehrere Eingänge, benötigt daher ebenfalls mindestens zwei Transistoren. Anders als bei einem UND-Gatter sind die Schalter aber nicht in Reihe, sondern parallel in einem Stromkreis geschaltet (Abb. 3.7), weshalb die Lampe bereits dann zu glühen beginnt, wenn nur einer der Schalter gedrückt wird. Zudem leuchtet die Lampe, wenn beide bzw. alle Schalter durch das Anlegen einer Spannung betätigt werden. Nur wenn an keinem der beiden Schalter eine Spannung anliegt, bleibt die Lampe aus. Dies entspricht der ODER-Verknüpfung, die immer dann gilt, wenn eine oder mehrere Aussagen der Wahrheit entsprechen.

NICHT-Gatter

Ein NICHT-Gatter (Abb. 3.10) hat immer genau einen Eingang und einen Ausgang. Um es zu bauen, ist somit nur ein Transistor notwendig. Allerdings übernimmt der Transistor im NICHT-Gatter nicht die Funktion eines Schalters, sondern die eines Öffners, der im Ruhezustand geschlossen ist und sich öffnet, wenn er betätigt wird (Abb. 3.9). Auf diese Weise kehrt das NICHT-Gatter das jeweilige Eingangssignal um: Liegt keine

Abb. 3.9 Schematische Abbildung eines Stromkreises,
der sich wie ein NICHT-
Gatter verhält

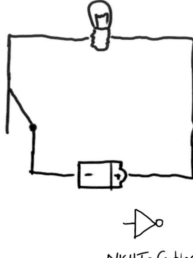

Abb. 3.10 Schaltsymbol
eines NICHT-Gatters

Spannung an, sind Schalter und Stromkreis geschlossen und die Lampe
leuchtet. Ist eine Spannung vorhanden, öffnet sich der Schalter und der
Stromkreis wird unterbrochen, die Lampe leuchtet nicht.

Das UND-Gatter und das ODER-Gatter lassen sich übrigens mit dem
NICHT-Gatter zu einem NICHT-UND-Gatter und NICHT-ODER-Gatter kombinieren. Dafür wird das Ergebnis der beiden Gatter umgekehrt:
Beim NICHT-UND-Gatter würde die Lampe in unserem Stromkreis also
genau dann leuchten, wenn keiner oder einer der Schalter gedrückt wird,
beim NICHT-ODER-Gatter müssten beide betätigt sein, um die Lampe
zum Leuchten zu bringen.

Literaturkasten
Die Grundlagen der Computertechnik sind, gemessen an den Fort-
schritten der letzten Jahre, sprichwörtlich alte Hüte – doch auch
diese mussten erst entdeckt und erforscht werden. Ein paar wenige
Pioniere taten vor nicht einmal 100 Jahren die ersten entscheiden-

den Schritte, die sich auch heute noch gut nachvollziehen lassen. Wer sich auf historische Entdeckungsreise begeben möchte, dem legen wir die Lektüre folgender Schriften ans Herz:

Turing, Alan (1950): Computing Machinery and Intelligence. In: Mind. LIX, Nr. 236, S. 433–460 http://mind.oxfordjournals.org/content/LIX/236/433

von Neumann, John (1960): Die Rechenmaschine und das Gehirn. Oldenbourg, München

Zuse, Konrad (2010): Der Computer – Mein Lebenswerk. 5. Aufl., Springer, Berlin Heidelberg

Fast genauso alt – die erste Auflage erschien 1969 –, aber noch heute das Standardwerk für Schaltungstechnik, das sowohl die Grundlagen als auch zahlreiche Anwendungsbeispiele vermittelt, ist dieses Buch:

Tietze, Ulrich/ Schenk, Christoph/ Gamm, Eberhard (2016): Halbleiter-Schaltungstechnik. 15. Aufl., Springer Vieweg, Wiesbaden

0 und 1 ist nicht genug

Moderne Computer sind Universalmaschinen, die sich beliebig programmieren lassen, das bedeutet: Geben wir zum Beispiel über die Tastatur etwas in unseren Rechner ein, verarbeitet dieser die eingegebenen Daten wunschgemäß und liefert uns anschließend ein Ergebnis. Die verarbeiteten Daten kann der Computer dann in vielfältiger Form ausgeben, zum Beispiel als Berechnungen, Gleichungen, Texte, Zeichnungen oder Bilder. Wie aber können mit Hilfe der Logikgatter, die jeweils nur die Zustände 0 (Strom fließt nicht) und 1 (Strom fließt) abbilden können, ganze Texte, Bilder oder Töne erzeugt werden?

Ebenso wie sich durch die logischen Verknüpfungen der Booleschen Algebra aus einfachen Aussagen komplexere zusammensetzen lassen, ist es durch die technische Verschaltung mehrerer Logikgatter möglich, Informationen abzubilden, die deutlich mehr als zwei Werte annehmen können. Es braucht daher eine ganze Reihe von 0en und 1en, die in unterschiedlicher Kombination für alle möglichen Symbole stehen, damit der Computer all die verschiedenen Daten erfassen, speichern, verarbeiten und wieder ausgeben kann. Die Zuordnung dieser Kombinationen zu einer endlichen Zeichenmenge, etwa zu den Zahlen 0 bis 9 oder zu unserem Alphabet, bezeichnet man als Kodierung.

4.1   Zahlensysteme

Um verstehen zu können, wie sich Buchstaben und Zahlen so in binäre 0en und 1en kodieren lassen, dass der Computer sie verarbeiten
kann, sollte uns klar sein, was es mit dem Binärsystem auf sich hat. Dafür
werfen wir zunächst einen Blick auf das Dezimalsystem, auch Zehnersystem genannt – denn im Gegensatz zum Computer rechnen wir mit Dezimalzahlen, was vermutlich daher kommt, dass wir zehn Finger haben
und die Menschen seit jeher ihre Finger beim Rechnen zu Hilfe genommen haben. Das Dezimalsystem ist für uns dabei so selbstverständlich,
dass wir in der Regel nicht darüber nachdenken, wie es aufgebaut ist.
Um jedoch andere Zahlensysteme, wie das Binärsystem, verstehen zu
können, hilft uns das Verständnis unseres eigenen Systems weiter. Ein
Beispiel: Die Zahl 6231 hat insgesamt vier Stellen, welche von links
nach rechts die folgenden Wertigkeiten besitzen: Die vierte Stelle von
rechts sind die Tausender mit der Zehnerpotenz $10^3 (= 10 \times 10 \times 10)$, die
dritte Stelle sind die Hunderter mit der Zehnerpotenz $10^2 (= 10 \times 10)$,
die zweite Stelle sind die Zehner mit der Zehnerpotenz $10^1 (= 10)$ und
die erste Stelle sind die Einer mit der Zehnerpotenz $10^0 (= 1)$. Somit ist
die Zahl 6231 eigentlich eine Abkürzung für die Gleichung:

$$6231 = \mathbf{6} \times 1000 + \mathbf{2} \times 100 + \mathbf{3} \times 10 + \mathbf{1} \times 1$$

bzw.

$$6231 = \mathbf{6} \times 10^3 + \mathbf{2} \times 10^2 + \mathbf{3} \times 10^1 + \mathbf{1} \times 10^0$$

Durch die Übereinkunft, dass jede Stelle dieser Zahl ihre eigene Wertigkeit besitzt, wissen wir als in das Dezimalsystem Eingeweihte, welchen Wert die Zahl tatsächlich hat.

Im Binärsystem sind die Zahlen im Prinzip genauso aufgebaut wie im
Zehnersystem mit dem Unterschied, dass es statt zehn nur zwei Ziffern
gibt, nämlich 0 und 1 – daher setzen sich Binärzahlen nicht aus Zehner-
(10^n), sondern aus Zweierpotenzen (2^n) zusammen. Genau wie Dezimalzahlen können sie mehrere Stellen haben, denen bestimmte Wertigkeiten
zugeordnet sind. Die Binärzahl 10110 hat zum Beispiel fünf Stellen:
Die fünfte Stelle von rechts besitzt den Wert 16 mit der Zweierpotenz
$2^4 (= 2 \times 2 \times 2 \times 2)$, die vierte Stelle den Wert 8 mit der Zweierpotenz $2^3 (= 2 \times 2 \times 2)$, die dritte Stelle den Wert 4 mit der Zweierpotenz

$2^2 (= 2 \times 2)$, die zweite Stelle besitzt den Wert 2 mit der Zweierpotenz $2^1 (= 2)$ und die erste Stelle den Wert 1 mit der Zweierpotenz $2^0 (= 1)$. Die binäre 10110 ist also nicht anderes als

$$1 \times 16 + 0 \times 8 + 1 \times 4 + 1 \times 2 + 0 \times 1$$

bzw.

$$1 \times 2^4 + 0 \times 2^3 + 1\,2^2 + 1 \times 2^1 + 0 \times 2^0$$

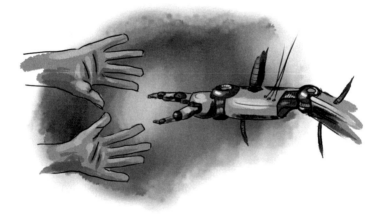

   Das Ergebnis dieser Gleichung lautet aber nicht nur 10110, sondern auch 22. Wie kommt's? Nun, 10110 ist das binäre und 22 das entsprechende dezimale Ergebnis. Wir können also festhalten: Indem wir Binärzahlen in ihre Zweierpotenzen zerlegen und die einzelnen Potenzen miteinander addieren, lassen sie sich ganz einfach in Dezimalzahlen umrechnen. Wollen wir umgekehrt, eine Dezimalzahl in ihre binäre Entsprechung umwandeln, greifen wir auf eine Rechenoperation zurück, die wir noch aus der Grundschule kennen: die „Division mit Rest". Dabei wird die Dezimalzahl durch zwei geteilt, der Rest notiert, und mit dem Ergebnis solange weitergerechnet, bis dieses nicht mehr durch zwei teilbar ist.

Für die Dezimalzahl 22 funktioniert das so:

$$22 \div 2 = \quad 11/\text{Rest } \mathbf{0}$$
$$11 \div 2 = \quad 5/\text{Rest } \mathbf{1}$$
$$5 \div 2 = \quad 2/\text{Rest } \mathbf{1}$$
$$2 \div 2 = \quad 1/\text{Rest } \mathbf{0}$$
$$1 \div 2 = \quad 0/\text{Rest } \mathbf{1}$$

Die Reste von unten nach oben aneinander gereiht, ergeben dann die Binärzahl 10110. Es ist auf den ersten Blick zu sehen: Binärzahlen erfordern wesentlich mehr Schreibaufwand als Dezimalzahlen. Unsere Beispielbinärzahl hat fünf Stellen, die Dezimalzahl nur zwei. Worin liegt also der Vorteil der binären Zahlen für die Digital- und Computertechnik? Ganz einfach: Binärzahlen lassen sich technisch sehr leicht abbilden, zum Beispiel durch Spannungen: Eine Spannung liegt an, Strom fließt, entspricht dem Wert 1, eine Spannung liegt nicht an, Strom fließt nicht, entspricht dem Wert 0. Mit den Transistoren, die in den Logikgattern als Schalter fungieren, sind diese zwei Zustände wiederum einfach umsetzbar. Ein weiterer Vorteil des Binärsystems ist es, dass die Übertragung von Informationen aufgrund der Beschränkung auf nur zwei mögliche Zustände wesentlich weniger störanfällig ist, als die Verarbeitung von im Dezimalsystem kodierter Information.

4.2 Kodierung

Doch wie lassen sich nun ganze Nachrichten kodieren, wenn nur die Zeichen 0 und 1 zur Verfügung stehen? Für jede Kodierung gilt: Eine Ausgangszeichenmenge wird immer so auf eine Zielzeichenmenge abgebildet, dass jedem Element der Zielmenge höchstens ein, eventuell aber auch kein Element der Ausgangsmenge zugeordnet ist – diese Eigenschaft wird auch als Injektion bezeichnet (Abb. 4.1).

Voraussetzung für die erfolgreiche Übermittlung einer Nachricht von einem Sender zu einem Empfänger ist deren Verständlichkeit. So können zwei Menschen nur Nachrichten untereinander austauschen, wenn sie die Sprache des jeweils anderen verstehen. Technisch bedeutet dies,

Abb. 4.1 Illustration
einer Injektion: Jeder
Binärzahl ist ein Buch-
stabe zugeordnet, aber
nicht jedem Buchstaben
eine Binärzahl

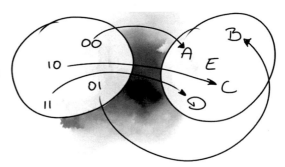

dass sich Sender und Empfänger zunächst über die Art der Kodierung
verständigen müssen. Ein Blick in die Geschichte zeigt: Schon in der
Antike dienten Feuer- und Rauchzeichen der Übermittlung von Nachrichten. Auch andere optische Signale wie Flaggen oder Blinkzeichen
kamen zum Einsatz, genauso wie akustische Signale, die etwa durch
Trommeln oder mit Hilfe von Jagdhörnern erzeugt wurden. Allerdings
konnten auf diese Weise nur jeweils zuvor verabredete Botschaften übermittelt werden.

Heutige Kommunikationssysteme bedienen sich meist elektrischer Signale. Der Morsecode stellt dabei so etwas wie die Urform moderner Fernkommunikation dar. Mit dem von Samuel Morse (1791–1872) entwickelten Code können per Kabel oder Funk Nachrichten über weite Distanzen hinweg übermittelt werden. Und das funktioniert so: Jedes Zeichen wird durch eine genau definierte Folge kurzer oder langer elektromagnetischer Impulse übertragen, wobei die kurzen durch einen Punkt und die langen durch einen Strich dargestellt werden. Zwischen den einzelnen Impulsen wird eine exakt bemessene Pause gelassen, die zum Morsecode dazu gehört, weshalb dieser streng genommen kein Binär- sondern ein Ternär-Code ist, also aus drei verschiedenen Zeichen besteht. Mithilfe des Morse-Alphabets lassen sich dann ganze Sätze übertragen. Tab. 4.1 zeigt die Kodierung der Buchstaben von A bis Z und der Zahlen von 0 bis 9.

Das Wort „Computer" sieht im Morsecode demzufolge so aus:

-.-. --- -- .--. ..- - . .-.

Der Code lässt sich zum Beispiel per Tastendruck mit einer Morsetaste erzeugen.

Da der Computer nur Informationen verarbeiten kann, die in binärer Form vorliegen, sich also aus 0en und 1en zusammensetzen, müssen auch alle in den Rechner eingegebenen Daten zunächst kodiert werden. Wenn wir also den Buchstaben A in den Computer eintippen, wird nicht wirklich ein A gespeichert oder ins Internet übertragen. Das A wird vielmehr solange umgewandelt und zerlegt, bis es nur noch durch die beiden Ziffern darstellbar ist. Dabei lassen sich alle zählbaren und messbaren Daten, wie Texte, Zahlen, Bilder oder Musik, binär kodieren und damit durch Computer verarbeiten.

Tab. 4.1 Morse-Alphabet

A	.-	H	....	O	---	V	...-	3	...--
B	-...	I	..	P	.--.	W	.--	4	....-
C	-.-.	J	.---	Q	--.-	X	-..-	5	.....
D	-..	K	-.-	R	.-.	Y	-.--	6	-....
E	.	L	.-..	S	...	Z	--..	7	--...
F	..-.	M	--	T	-	1	.----	8	---..
G	--.	N	-.	U	..-	2	..---	9	----.

Die kleinste Informationseinheit in der elektronischen Datenverarbeitung, die insgesamt nur zwei Zustände haben kann, also entweder 0 oder 1, wird auch als Bit bezeichnet. Da die Aussagekraft eines einzelnen Bits aber ziemlich gering ist, speichern Computer alle Daten und Programme als Bitfolgen, also als eine Kombination von mehreren Bits. Jedem Zeichen wird dabei eindeutig eine Bitfolge zugeordnet, bei mehr als zwei verschiedenen Zeichen sind mehrere Bitfolgen zur Kodierung erforderlich. Andersherum lassen sich mit Bitfolgen aus n Binärzeichen 2^n Symbole kodieren – mit zwei Binärzeichen ließen sich also insgesamt 4 verschiedene Symbole verschlüsseln, mit drei Binärzeichen 8 Symbole, mit vier Binärzeichen 16 usw.

Aus Gründen der Handhabbarkeit werden acht Bits zu einer Einheit zusammengefasst und allgemein Byte genannt. Mit einem Byte lassen sich dann bereits 256 verschiedene Zeichen darstellen. Die kleinste Zahl, die mit acht Bits dargestellt werden kann, ist die dezimale 0, in Binärschreibweise 00000000. Die größte darstellbare Zahl ist die dezimale 255, in Binärcode 11111111, was sich anhand der Potenzschreibweise überprüfen lässt:

$$11111111 = 1 \times 2^7 + 1 \times 2^6 + 1 \times 2^5 + 1 \times 2^4 + 1 \times 2^3$$
$$+ 1 \times 2^2 + 1 \times 2^1 + 1 \times 2^0$$
$$= 128 + 64 + 32 + 16 + 8 + 4 + 2 + 1$$
$$= 255$$

256 Zeichen sind ausreichend, um viele gängige Zeichenvorräte abzubilden, wie unser Alphabet (Klein- und Großbuchstaben), die Dezimal-
ziffern und einige Sonderzeichen.

ASCII
Grundsätzlich ist die Zuordnung der Zeichen zu den Binärfolgen voll-
kommen willkürlich wählbar. Im Laufe der Zeit entwickelten sich daher unterschiedliche Zuordnungsvorschriften, wobei die gebräuchlichste noch heute übliche Form der Zeichenkodierung der ASCII (Ameri-
can Standard Code for Information Interchange, zu Deutsch „Ameri-
kanischer Standard-Code zum Informationsaustausch") ist (Abb. 4.2).
Dieser besteht aus den Ziffern 0 bis 9, den Buchstaben des Alphabets,
den Satzzeichen und verschiedenen Sonderzeichen. Jedes dieser Zeichen
lässt sich über eine bestimmte Abfolge von insgesamt 7 Bit abbilden,
hat also seine eigene 1/0-Kombination. Insgesamt sind mit dem ASCII
$2^7 (= 128)$ verschiedene Zeichen darstellbar – dabei sind nicht alle Zei-
chenzuordnungen willkürlich gewählt. So lässt sich etwa bei der Abbildung des lateinischen Alphabets ein Muster erkennen, wonach sich die
Kodierungen von großen und kleinen Buchstaben nur an einer einzigen
Stelle in der Bitfolge unterscheiden: Ist das sechste der insgesamt sieben
Bits eine 0, handelt es sich um einen Großbuchstaben, eine 1 an sechster
Stelle lässt dagegen auf einen Kleinbuchstaben schließen. Dementspre-

ASCII-Tabelle (Ausschnitt),

Binär	Dezimal	Zeichen
:	:	:
0 1 0 0 0 0 0 1	65	A
0 1 0 0 0 0 1 0	66	B
:	:	:
0 1 1 0 0 0 0 1	97	q
0 1 1 0 0 0 1 0	98	b
0 1 1 0 0 0 1 1	99	c
0 1 1 0 0 1 0 0	100	d
:	:	:

Abb. 4.2 Beispielhafter Ausschnitt der ASCII-Tabelle

chend lautet zum Beispiel der Binärcode für das große A 1000001, für das kleine a 1100001.

Der 7-Bit-ASCII ist auf allen modernen Rechenanlagen, auf denen er zum Einsatz kommt, identisch. Um allerdings auch landesspezifische Zeichen darstellen zu können, wie die deutschen Umlaute ä, ü und ö, findet der erweiterte 8-Bit-ASCII Anwendung, mit dem summa summarum $2^8 (= 256)$ Zeichen darstellbar sind. Die Belegung der zusätzlichen 128 Zeichen kann dabei von Rechner zu Rechner unterschiedlich sein, was mitunter zu Inkompatibilitäten zwischen den verschiedenen Ländercodierungen bzw. Computersystemen führt. Für unsere Umlaute, die in vielen Schriften gar nicht existieren, fehlen dann entsprechende Kodierungen, was dazu führen kann, dass Texte anstelle von ä, ü, und ö fehlerhafte Symbolkombinationen enthalten. Darüber hinaus kann das zusätzliche achte Bit aber auch als sogenanntes Paritätsbit eingesetzt werden, um eventuelle Fehler in der Kodierung erkennen und korrigieren zu können.

Übrigens: Der ASCII ist nicht der einzige Code, der in heutigen Computern Anwendung findet. Daneben gibt es zum Beispiel den Unicode-Standard, der das ambitionierte Ziel verfolgt, auf lange Sicht alle Zeichensysteme und Schriftkulturen der Welt zu umfassen, also nicht nur das lateinische, sondern auch das griechische, kyrillische, arabische und hebräische Alphabet, nicht zu vergessen die vielen verschiedenen asiatischen Schriftzeichen. Darüber hinaus können mathematische, kaufmännische und technische Sonderzeichen im Unicode kodiert werden. Klar, dass so ein Code permanent erweitert werden muss.

Klick ins Netz: Video „Kodierung"
https://www.youtube.com/watch?v=rrMr-RnnZ7M

4.3   Fehlererkennung und -korrektur

Die Übertragung digitaler Daten verläuft nicht immer reibungslos. So können zum Beispiel Fehler in der Kodierung auftreten, etwa durch Störimpulse, die in einem sehr stark verrauschten Übertragungskanal entstehen. Das können Fehler in einzelnen Bits sein: Statt des richtigen Wertes 1 besitzt dieses Bit dann den falschen Wert 0 oder umgekehrt. Auf diese Weise wird auch der Inhalt der gesendeten Nachricht verfälscht, der nicht dem der empfangenen Nachricht entspricht. Einzelne

Bitfehler können zum Beispiel Rechenfehler in Computerprogrammen, ein Rauschen oder kurzes Knacken bei digitalen Tonaufnahmen oder eine misslungene Entschlüsselung von verschlüsselter Information zur Folge haben.

Angenommen, Frau Müller hat Geburtstag und nur einen großen Wunsch, den sie ihrem immer etwas zerstreuten Ehemann mitteilt. Herr Müller wundert sich zwar ein wenig über das Ansinnen seiner Gattin, ist aber gleichzeitig erleichtert, sich nicht selbst den Kopf über ein Geschenk zermartern zu müssen. Er macht sich also auf den Weg ins Kaufhaus, und zwei Tage später ist es dann so weit: Frau Müller hat Geburtstag. Siegessicher hält Herr Müller ihr sein Geschenk entgegen: ein ganzes Set neuer Siebe. Frau Müller entgeistert: „Ich hatte gesagt, ich will mehr LIEBE!".

So schnell kann es in der menschlichen Kommunikation zu Missverständnissen kommen – der Austausch eines einzigen Buchstabes verändert die Bedeutung eines Wortes komplett. Herr Müller wird wohl das

nächste Mal etwas genauer hinhören, wenn seine Frau ihre Geburtstags-
wünsche äußert.

Wir Menschen können nachfragen, wenn wir etwas nicht richtig ver-
standen haben. Was aber machen Computer, um zu überprüfen, ob eine
Nachricht richtig oder falsch übermittelt wurde? Dabei hilft ihnen das
sogenannte Paritätsbit, um welches der sieben- oder achtstellige ASCII
ergänzt werden kann. Mithilfe dieses zusätzlichen Bits lassen sich Fehler
in der Bitfolge begrenzt erkennen und auch korrigieren. Wie funktioniert
das? Der Begriff „Parität" ist in der Mathematik zunächst die Eigenschaft
einer Zahl, gerade oder ungerade zu sein. Im Falle der Fehlererkennung
in der Binärkodierung bezeichnet er die Anzahl der mit 1 belegten Bits,
die entweder gerade oder ungerade ist. Um im Nachhinein feststellen zu
können, ob eine Nachricht aufgrund eines Bitfehlers falsch übertragen
wurde, soll durch das zusätzliche Paritätsbit eine gerade Anzahl von 1en
in der zu übertragenden Bitfolge erreicht werden. Ist die Summe der 1en
in der übermittelten Bitfolge dann ungerade, bedeutet dies automatisch,
dass für mindestens ein Bit ein falscher Wert übertragen wurde. Möchte
ich zum Beispiel die Bitfolge 1010100 übertragen, so ergänze ich diese
um ein Paritätsbit mit dem Wert 1, damit die Anzahl der enthaltenen 1en
gerade ist – ich erhalte die achtstellige Bitfolge 10101001. Lautete meine
Bitfolge 1110100, so müsste ich eine 0 anhängen, um eine gerade 1er-
Anzahl zu erhalten: 11101000. Dies funktioniert auch andersherum, das
heißt, die Ausgangsbitfolge kann auch auf eine ungerade Anzahl von 1en
abzielen. Eine gerade Anzahl in der beim Empfänger eintreffenden Bitfolge würde dann auf einen darin enthaltenen Fehler hinweisen. Vor einer
Paritätskontrolle ist es daher notwendig, sich über die gewünschte Parität
der Ausgangsbitfolge zu verständigen (Tab. 4.2).

Eine Fehlerkorrektur ist allerdings durch diese einfache Form der Pa-
ritätsprüfung nicht möglich, da sich zwar ein Fehler in der übermittelten
Nachricht erkennen lässt, nicht aber, an welcher Stelle der Bitfolge dieser

Tab. 4.2 Gerade und ungerade Parität

Summe der Einsen einer Bitfolge	Wert des Paritätbits bei gerader Parität	Wert des Paritätbits bei ungerader Parität
Gerade	0	1
Ungerade	1	0

Tab. 4.3 Mehrdimensionale Paritätskontrolle am Beispiel des Wortes „Hallo" (mit Fehler)

Buchstabe	ASCII-Code (auf 7 Bits)	Paritätsbit
H	1 0 0 1 0 0 0	0
a	1 1 0 0 0 0 1	1
l	1 1 0 1 1 0 **1**	**0**
l	1 1 0 1 1 0 0	0
o	1 1 0 1 1 1 1	0
Paritätsbit	1 0 0 0 1 1 **0**	1

aufgetreten ist. Es bleibt dem Sender der Nachricht also nichts anderes übrig, als diese erneut an den Empfänger zu übermitteln. Ein weiteres Problem dieses Verfahrens: Treten gleich zwei bzw. eine gerade Anzahl an Bitfehlern auf, bleiben diese unentdeckt, da sich die Parität der übertragenen Bitfolge dadurch nicht ändert. Nur wenn eine ungerade Anzahl von Fehlern auftritt, kann das System diese als solche erkennen.

Zur Verbesserung dieser Quote und um Fehler nicht nur finden, sondern auch direkt korrigieren zu können, kommt die mehrdimensionale Paritätskontrolle zum Einsatz. Nehmen wir an, wir möchten das Wort „Hallo" mit Hilfe des ASCII übertragen: Dazu ermitteln wir zunächst die entsprechenden 7-stelligen-Bitfolgen, die wir zu einem Block zusammenfassen (Tab. 4.3). Zu jeder Bitfolge wird nun ein Paritätsbit hinzugefügt und als achtes Datenbit jeder Zeile nachgestellt, ebenso wird in jeder Spalte ein sechstes Bit ergänzt. Ziel ist eine gerade Anzahl von 1en, sowohl in jeder Zeile als auch in jeder Spalte (genauso wie bei der eindimensionalen Paritätskontrolle ließe sich aber auch auf eine ungerade Anzahl von 1en abzielen).

Der so entstandene Block umfasst sechsmal acht Datenbits, die Bit für Bit übertragen werden. Tritt nun an einer bestimmten Stelle ein einzelner Bitfehler auf, wie in unserem Beispiel beim ersten „l" von „Hallo", so ist die Parität der betreffenden Zeile und Spalte fehlerhaft – das falsche Bit kann somit exakt lokalisiert und in den richtigen Zustand umgewandelt werden. Mit Hilfe der mehrdimensionalen Paritätskontrolle sind alle einzelnen Bitfehler pro Block eindeutig erkennbar und korrigierbar. Bei mehreren Bitfehlern in einem Block ist die Fehlerkorrektur allerdings nicht mehr in allen Fällen möglich.

Literaturkasten

Wir haben gesehen, dass die Kodierung von Zeichen und Zahlen eine grundlegende Voraussetzung für die elektronische Datenverarbeitung darstellt. Wer sich noch etwas ausführlicher mit den verschiedenen Kodierungs-, Übertragungs- und Fehlerkorrekturtechniken auseinandersetzen möchte, dem seien die folgenden einführenden Titel empfohlen:

Meinel, Christoph/ Sack, Harald (2003): WWW: Kommunikation, Internetworking, Web-Technologien. Springer, Berlin Heidelberg

Proakis, John/ Salehi, Masoud (2004): Grundlagen der Kommunikationstechnik. 2. Aufl., Pearson Studium, München

Becker, Bernd/ Drechsler, Rolf/ Molitor, Paul (2005): Technische Informatik: Eine Einführung. Pearson Studium, München

Von der (Rechen-)Aufgabe zum Schaltplan

5

Eigentlich können Computer nur ganz simple Dinge tun: Sie können zwei Zahlen zusammenzählen, zwei Werte miteinander vergleichen, einen Wert in einen Speicher schreiben oder aus diesem lesen und zum nächsten Befehl springen – also nichts, was wir Menschen nicht auch selber könnten. Das Geniale dabei ist: Computer machen dies in atemberaubender Geschwindigkeit. So können sie bis zu mehrere Milliarden dieser einfachen Tätigkeiten pro Sekunde durchführen. Für einen modernen Rechner wäre es also überhaupt kein Problem, die mehr als sieben Milliarden Menschen unserer Erde in wenigen Sekunden einzeln durchzuzählen. Ganz schön beeindruckend, oder? In den vorangegangenen Kapiteln haben wir die Grundlagen kennengelernt, die notwendig sind, um zu verstehen, wie Computer rechnen können. In diesem Kapitel schauen wir uns das jetzt genauer an.

© Springer-Verlag GmbH Deutschland 2017
R. Drechsler et al., *Computer*, Technik im Fokus, DOI 10.1007/978-3-662-53060-3_5
55

5.1 Addition wie in der Schule

All den Operationen, die ein Computer ausführen kann, liegen binäre
Funktionen zugrunde, die sich durch logische Verknüpfungen zusammensetzen lassen. Auf Basis dieser Funktionen ist es dann möglich, digitale Schaltungen zu bauen, die Rechenvorgänge durchführen können. Da
sich alle Grundrechenarten auf die Addition zurückführen lassen, ist das
Addierwerk ein zentrales Element des Rechenwerks (ALU) der CPU, das
wir bereits in Kap. 3 als wesentlichen Bestandteil des Prozessors kennengelernt haben. Zu den digitalen Addierschaltungen, aus denen sich ein
Addierwerk zusammenbauen lässt, gehören die Halbaddierer, die zwei
1 Bit-Zahlen addieren können, und die Volladdierer, die in der Lage sind,
zwei 1 Bit-Zahlen sowie einen Übertrag zu addieren. Um nachvollziehen
zu können, wie diese Schaltungen funktionieren, brauchen wir uns nur
daran zu erinnern, wie wir in der Grundschule Zahlen addiert haben:
Wir schreiben die Zahlen, die wir zusammenrechnen wollen untereinander, und zwar so, dass Einer unter Einer, Zehner unter Zehner, Hunderter

unter Hunderter usw. stehen. Jetzt addieren wir nacheinander die untereinander stehenden Ziffern von rechts nach links und schreiben die Summe in die Ergebniszeile darunter. Achtung: Ist das Ergebnis größer als neun und damit zweistellig, erhalten wir einen Übertrag, der in die Addition der nächsten Spalte mit einbezogen werden muss. Ein Beispiel:

$$
\begin{array}{r}
\ 3\ \ 8\ \ 2\ \ 5 \\
+\ \ 2\ \ 7\ \ 6\ \ 4\ \ 0 \\
\mathbf{1\ \ 1} \\
\hline
3\ \ 1\ \ 4\ \ 6\ \ 5
\end{array}
$$

Wir rechnen also:

$$5 + 0 = 5,\ \text{ohne Übertrag}$$

$$2 + 4 = 6,\ \text{ohne Übertrag}$$

$$8 + 6 = 14,\ \textbf{mit Übertrag}$$

$$3 + 7 + 1 = 11,\ \textbf{mit Übertrag}$$

$$2 + 1 = 3$$

Das Ergebnis lautet 31.465.

Dieses Prinzip lässt sich nun auf die Addition von Binärzahlen übertragen, wobei die folgenden Rechenregeln gelten:

$$0 + 0 = 0$$

$$1 + 0 = 1$$

$$0 + 1 = 1$$

$$1 + 1 = 10,\ \textbf{mit Übertrag}$$

Wenn wir den Übertrag mitaddieren, müssen wir folgendes beachten:

$$0 + 0 + 1 = 1$$

$$0 + 1 + 1 = 10,\ \textbf{mit Übertrag}$$

$$1 + 0 + 1 = 10,\ \textbf{mit Übertrag}$$

$$1 + 1 + 1 = 11,\ \textbf{mit Übertrag}$$

Ein Beispiel:

$$
\begin{array}{cccccccc}
 & & 1 & 0 & 0 & 1 & 1 & 1 \\
+ & & 1 & 1 & 1 & 0 & 1 & 1 & 0 \\
 & 1 & 1 & & & 1 & 1 & \\
\hline
 & 1 & 0 & 0 & 1 & 1 & 1 & 0 & 1
\end{array}
$$

Unsere Rechnung können wir ganz einfach überprüfen, indem wir die Binärzahlen in Dezimalzahlen umrechnen und diese ebenso addieren:

$$
\begin{aligned}
100111 = &\ 1\times2^5+0\times2^4+0\times2^3+1\times2^2+1\times2^1+1\times2^0 = 39 \\
+\ 1110110 = &\ 1\times2^6+1\times2^5+1\times2^4+0\times2^3+1\times2^2+1\times2^1+0\times2^0 = 118
\end{aligned}
$$

$$\underline{\quad 11 \quad 11 \qquad 1 \qquad 1 \qquad\qquad 1 \qquad 1 \qquad\qquad\qquad 1}$$

$$10011101 = 1\times2^7+0\times2^6+0\times2^5+1\times2^4+1\times2^3+1\times2^2+0\times2^1+1\times2^0 = 157$$

Passt!

5.2 Halbaddierer

Ein Halbaddierer ist die einfachste Rechenschaltung, die zwei einstellige Binärziffern addieren kann. Die Wertetabelle (Tab. 5.1) zeigt eine 1 Bit-Addition – der Summand A wird zu dem Summanden B addiert, daraus ergibt sich der Übertrag Ü und die Summe S.

Beim genauen Hinschauen erkennen wir: Die Spalte für den Übertrag entspricht der logischen UND-Verknüpfung und die Spalte für die Summe der logischen ENTWEDER-ODER-Verknüpfung – beide haben wir schon in Kap. 2 kennengelernt. Es gilt: Nur, wenn entweder das eine oder das andere Bit auf 1 liegt, ist auch das Ergebnis der Verknüpfung gleich 1, nicht jedoch, wenn beide auf 1 liegen. Das ENTWEDER-ODER schließt

Tab. 5.1 Wertetabelle Halbaddierer

A	B	Ü	S
0	0	0	0
0	1	0	1
1	0	0	1
1	1	1	0

somit den UND-Fall aus. Das Übertragsbit stellt dagegen eine klassische UND-Verknüpfung dar: Nur, wenn beide Summanden 1 sind, ist auch das Ergebnis der Verknüpfung 1. Das gewünschte Schaltverhalten eines Halbaddierers lässt sich also mit wenigen Grundfunktionen realisieren. Zur Erinnerung und zum Vergleich zeigen Tab. 5.2 und 5.3 nochmal die entsprechenden Wertetabellen der UND- und der ENTWEDER-ODER-Verknüpfung.

Aus Kap. 3 wissen wir, dass sich die logischen Verknüpfungen auf der Hardwareebene durch Logikgatter realisieren lassen – für jede logische Verknüpfung der Booleschen Algebra existiert ein entsprechender Logikbaustein. Um einen Halbaddierer zu bauen, benötigen wir also ein UND-Gatter und ein ENTWEDER-ODER-Gatter (Abb. 5.1).

Da sich mit einem Halbaddierer genau zwei Bit addieren lassen, hat dieser auch zwei Eingänge. Der Eingang A des Halbaddierers ist der Summand A, der Eingang B der Summand B. Der Übertrag Ü und die Summe sind die zwei Ausgänge der Schaltung, die sich wie in Abb. 5.2 zu sehen, in einem Schaltplan darstellen lässt.

Ein Schaltplan ist übrigens eine Art Bauplan, der genau vorgibt, wie eine Schaltung gebaut werden muss, damit sie die gewünschten Funktionen – im Falle des Halbaddierers die Addition zweier Bits – erfüllt.

Tab. 5.2 Wertetabelle UND-Verknüpfung – Der Übertrag des Halbaddierers entspricht der UND-Verknüpfung: $Ü = A \wedge B$

A	B	$A \wedge B$
falsch (0)	falsch (0)	falsch (0)
falsch (0)	wahr (1)	falsch (0)
wahr (1)	falsch (0)	falsch (0)
wahr (1)	wahr (1)	wahr (1)

Tab. 5.3 Wertetabelle ENTWEDER-ODER-Verknüpfung – Die Summe des Halbaddierers entspricht der ENTWEDER-ODER-Verknüpfung: $S = A \oplus B$

A	B	$A \oplus B$
falsch (0)	falsch (0)	falsch (0)
falsch (0)	wahr (1)	wahr (1)
wahr (1)	falsch (0)	wahr (1)
wahr (1)	wahr (1)	falsch (0)

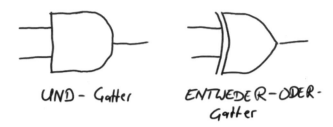

Abb. 5.1 Schaltsymbole des UND-Gatters und des ENTWEDER-ODER-Gatters

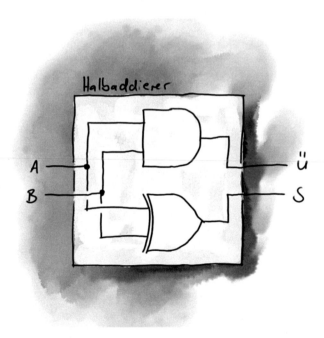

Abb. 5.2 Schaltplan eines Halbaddierers

5.3 Volladdierer

Bei der Addition zweier Bits entsteht ein Übertrag immer dann, wenn zwei 1en addiert werden. Doch was passiert mit dem zusätzlichen Bit? Addieren wir zwei Dezimalzahlen schriftlich, zählen wir den Übertrag stets zur Summe der nächsten Stelle hinzu, er wird also von Position zu Position weitergereicht. Da ein Halbaddierer aber nicht in der Lage ist, mehr als zwei einzelne Bit zu summieren, würde der Übertrag bei der nächsten Rechnung fehlen. Um das zu verhindern, brauchen wir eine Schaltung, die nicht nur zwei, sondern drei Bits addieren kann. Dafür muss ein zusätzlicher Eingang für den Übertrag her, der sogenannte Übertragseingang (ÜE). Eine solche Schaltung heißt dann Volladdierer und kann drei Binärzahlen bzw. zwei Binärzahlen und den Übertrag aus der vorangegangenen Rechnung addieren.

Es gibt acht verschiedene Möglichkeiten drei Bits zu addieren. Die Wertetabelle (Tab. 5.4) zeigt die Addition der Summanden A und B mit dem Wert des Übertrageingangs (ÜE) sowie die sich daraus ergebende Summe (S) und den Wert des Übertragsausgangs (ÜA).

Tipp: Um die Ergebnisse für die Summe und den Übertragsausgang besser nachvollziehen zu können, hilft ein erneuter Blick auf die Rechenregeln in Abschn. 5.1.

Mithilfe der Wertetabelle können wir die Funktionsweise des Volladdierers nachvollziehen, doch wie lässt sich dieser realisieren? Dafür benötigen wir folgende nacheinander geschaltete Bausteine: einen Halbaddierer mit zwei Eingängen für die Summanden, einen Halbaddierer mit

Tab. 5.4 Wertetabelle Volladdierer

A	B	ÜE	S	ÜA
0	0	0	0	0
0	1	0	1	0
1	0	0	1	0
1	1	0	0	1
0	0	1	1	0
0	1	1	0	1
1	0	1	0	1
1	1	1	1	1

einem Eingang für den Übertrag sowie ein ODER-Gatter. Und so funktioniert's: Der erste Halbaddierer addiert die Summanden und gibt die Summe sowie einen sich daraus eventuell ergebenen Übertrag aus. Der zweite Halbaddierer übernimmt die ausgegebene Summe und addiert sie zu dem Übertragsbit der vorherigen Rechnung, das er über den Übertragseingang empfängt. Das Ergebnis ist die Gesamtsumme aus allen drei Bits, die der zweite Halbaddierer über den Summenausgang ausgibt. Der Übertrag der 3-Bit-Rechnung ergibt sich schließlich aus der Verknüpfung der entstandenen Überträge des ersten und zweiten Halbaddierers mittels ODER-Gatter. Abb. 5.3 zeigt, wie der Schaltplan für einen Volladdierer aussieht.

Ein Beispiel: Summand A besitzt den Wert 1, Summand B den Wert 0 und die vorherige Rechnung ergab einen Übertrag von 1. Die Rechnung, die der Volladdierer ausführen soll, lautet also $1 + 0 + 1$. Der erste Halbaddierer berücksichtigt die Summanden A und B, also 1 und 0. Erinnern wir uns nochmal an die Funktionsweise des Halbaddierers (Abschn. 5.2), der sich aus einem ENTWEDER-ODER-Gatter für die Summe und einem UND-Gatter für den Übertrag zusammensetzt. Aus den Werten 1 und 0 ergibt sich durch die ENTWEDER-ODER-Verknüpfung die Summe 1, und der Übertrag, der aus der UND-Verknüpfung resultiert, hat den Wert 0. Der zweite Halbaddierer rechnet nun mit der Summe des ersten Halbaddierers weiter und addiert den Übertrag 1 aus der vorherigen

Abb. 5.3 Schaltplan eines Volladdierers

Rechnung dazu: 1 und 1 ergibt hier jedoch nicht 2, sondern die binäre 10, wobei wir über die ENTWEDER-ODER-Verknüpfung die 0 für die Summe erhalten und über die UND-Verknüpfung die 1 für den Übertrag. Um die Addition mit dem Volladdierer zu vervollständigen, müssen wir noch den Übertrag des ersten Halbaddierers mit dem Übertrag, der sich aus der Rechnung des zweiten Halbaddierers ergeben hat, durch ODER verknüpfen, also $0 \vee 1$. Wir erinnern uns an die ODER-Verknüpfung aus Abschn. 2.4.1, wonach das Ergebnis immer dann 1 bzw. wahr ist, wenn entweder einer der zwei Eingangswerte oder beide 1 bzw. wahr sind – dementsprechend ist der Übertrag unserer Beispieladdition 1. Die vollständige Gleichung der 3 Bit-Addition lautet also $1+0+1 = 0$, Übertrag 1 – genau wie in der Wertetabelle.

5.4   Addierwerk

Jetzt haben wir alle „Zutaten" zusammen, um ein Addierwerk zu bauen, das auch die Addition zweier mehrstelliger Binärzahlen erlaubt. Apropos: Die ersten Prozessoren waren mit einem Addierwerk ausgestattet, das parallel vier Bit, also eine vier Ziffern lange Zahlenreihe aus 0en und 1en, verarbeiten konnte. Mit vier Bit kann man 16 Kombinationen abbilden, was problemlos für die Darstellung der zehn Ziffern 0 bis 9 ausreicht. Viele Digitaluhren und einfache Taschenrechner funktionieren gegenwärtig noch mit 4 Bit-Prozessoren. Allerdings: Je länger die Bitfolgen, desto genauer die Berechnung. Heutige Computer rechnen zumeist mit einer Datenbreite von 32 Bit oder 64 Bit.

Addierwerke lassen sich auf verschiedene Arten umsetzen, zum Beispiel als Serienaddierwerk oder als Paralleladdierwerk. Ein serielles Addierwerk arbeitet so, wie wir es von der schriftlichen Addition kennen, das heißt, es berechnet stellenweise die Summe zweier Ziffern und gibt den Übertrag an die nächste Ziffernaddition weiter. Seine Arbeitsweise läuft nach dem folgenden, hier für vierstellige Binärzahlen dargestellten

Prinzip ab:

	2^3	2^2	2^1	2^0
Summand A		A3	A2	A1	A0
Summand B		B3	B2	B1	B0
Übertragsbit	Ü3	Ü2	Ü1	Ü0	—
Summenbit		S3	S2	S1	S0
Ergebnis	Ü3	S3	S2	S1	S0

Ein seriell rechnendes Addierwerk lässt sich durch die Aneinanderreihung mehrerer Volladdierer bauen, wobei für jede zu addierende Stelle ein eigener Addierer nötig ist – für die Addition zweier vierstelliger Binärzahlen benötigt man also insgesamt vier Volladdierer. Das Übertragsbit aus der Addition an einer Stelle wird jeweils auf den Übertragseingang des Addierers an der darauffolgenden Stelle geführt. Da die Addition an der Stelle 2^0 noch keinen Übertrag ergeben kann und somit nur zwei Bitzahlen zusammengezählt werden müssen, ließe sich für diese Berechnung auch ein Halbaddierer einsetzen. Apropos: Das Ergebnis der Addition zweier n-stelliger Binärzahlen hat aufgrund des Übertragsbits immer (n + 1)-Stellen. Abb. 5.4 zeigt den prinzipiellen Schaltungsaufbau eines 4 Bit-Addierwerks zur Addition zweier vierstelliger Binärzahlen.

Mit diesem 4 Bit-Serienaddierwerk können die Additionen von 0000 + 0000 (in Dezimalzahlen: 0 + 0) bis 1111 + 1111 (in Dezimalzahlen: 15 + 15) in einem Schritt ausgeführt werden. Als Summe ergibt sich maximal 111110 als Binärzahl bzw. 30 als Dezimalzahl.

Einfache serielle Addierwerke haben den Vorteil, dass sie sich verhältnismäßig einfach aufbauen lassen und mit nur wenigen Bauelementen auskommen – vier Volladdierer für ein 4 Bit-Addierwerk, das war's. Dadurch sind sie relativ kostengünstig, auch weil sie weniger Strom verbrauchen. Allerdings dauert eine serielle Berechnung ziemlich lange. Wen wundert's, schließlich muss der Übertrag von Position zu Position weitergereicht werden und der Volladdierer kann das korrekte Ergebnis immer erst dann ausgeben, wenn der vorhergehende Volladdierer das Übertragsbit geliefert hat. Im ungünstigsten Fall, etwa, wenn alle Stellen der zu addierenden Binärzahlen 1en sind, muss das Übertragsbit erst durch die gesamte Addierschaltung wandern, bevor das richtige Ergebnis ausgegeben werden kann.

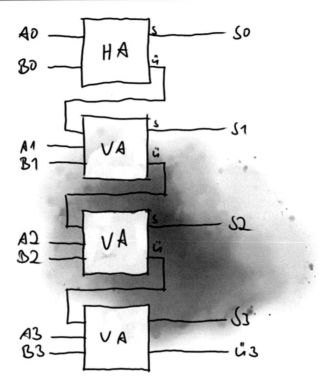

Abb. 5.4 Schaltungsaufbau eines 4-Bit-Addierwerks

Wie aber ließe sich die Berechnungszeit verkürzen? Erinnern wir uns nochmal an die schriftliche Addition von Dezimalzahlen, bei der wir stellenweise von rechts nach links die einzelnen Ziffern der Summanden addieren. Kämen wir nicht deutlich schneller zu einem Ergebnis, wenn wir die Ziffern nicht nacheinander, sondern parallel zusammenrechnen würden? Klar, aber wie soll eine einzelne Person mehrere Rechnungen gleichzeitig durchführen? Da bräuchte es schon die Unterstützung hilfsbereiter Mitmenschen, und zwar genauso vieler, wie die zu addierenden Zahlen Stellen haben. Und es gibt noch ein Problem: Wie kann eine für die Addition einer höherwertigen Stelle zuständige Person wissen, ob sie einen Übertrag aus der niederwertigeren Stelle berücksichtigen muss oder nicht? Antwort: Sie kann es nicht wissen. Kein Wunder also, dass wir in der Schule nur die serielle Variante des Addierens lernen.

Anders sieht die Sache bei einem Computer aus: Hier führt die parallele Addition tatsächlich zu deutlich kürzeren Berechnungszeiten. Und das funktioniert zum Beispiel folgendermaßen: Ein Paralleladdierer teilt die eingehenden Bitfolgen in der Mitte auf und addiert beide Hälften mit Hilfe drei separater n/2-Bit-Addierer. Wieso n/2-Bit-Addierer? Weil die zu addierenden Bitfolgen halbiert werden und die Addierer somit nur die Hälfte der eigentlichen Bitanzahl addieren müssen. Und wieso drei davon? Damit begegnen wir dem Übertrag-Problem: ein Addierer für die niederwertige Bithälfte und zwei für die höherwertige Hälfte. Die Addition an der höherwertigen Bithälfte erfolgt doppelt, einmal für den Fall, dass bei der Addition der niederwertigen Hälfte ein Übertragsbit entsteht und einmal für den Fall, dass kein Übertragsbit anfällt. Sobald der tatsächliche Übertrag aus der vorangegangenen Stelle bekannt ist, wird das richtige Ergebnis von einer Selektionsschaltung, einem sogenannten Multiplexer, ausgewählt und zu dem Ergebnis aus der niederwertigen Hälfte hinzugefügt. Und das geht so: Der Multiplexer verfügt über zwei Eingänge A und B, welche die jeweils möglichen Ergebnisse enthalten, einen Ausgang sowie über ein Steuersignal. Liegt am Steuersignal eine 1 an, so liefert der Ausgang der Schaltung das Signal, das an Eingang A anliegt, bei einer 0, gibt er das an Eingang B anliegende Signal weiter.

Abb. 5.5 stellt den schematischen Aufbau eines Paralleladdierers dar, bestehend aus einem Halbaddierer zur Berechnung der niederwertigen Hälfte und zwei Volladdierern, welche die Addition der höherwertigen Hälfte einmal mit und einmal ohne Übertrag durchführen. Die Auswahl des richtigen Ergebnisses trifft der Multiplexer (Mux).

Die n/2-Bit-Addierwerke eines Paralleladdierers lassen sich übrigens wiederum durch kleinere n/4-Bit-Addierer ersetzen, wodurch die Bitfolge nicht halbiert, sondern geviertelt wird. Dies lässt sich solange fortführen (n/8-Bit-Addierer statt n/4-Bit-Addierer, n/16-Bit statt n/8-Bit usw.), bis nur noch einzelne Bits addiert werden müssen und die Addierwerke durch viele einzelne Volladdierer ersetzt werden können. Hier zeigt sich auch der Nachteil eines Paralleladdierers: Dieser ist zwar deutlich schneller als der Serienaddierer, benötigt dafür aber auch mehr Bauteile.

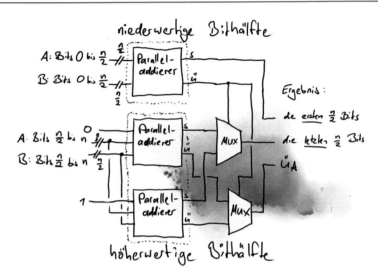

Abb. 5.5 Schematischer Aufbau eines Paralleladdierers

   Die heute im Schaltungsentwurf tatsächlich eingesetzten Addierwerke stellen häufig einen Kompromiss zwischen den Parallel- und Serienaddierern in punkto Schaltungsaufwand und Arbeitsgeschwindigkeit dar.

5.5 Logiksynthese

Bisher haben wir unsere Addierschaltungen mühsam „per Hand" zusammengesetzt. In Wirklichkeit läuft das Ganze aber vollautomatisch mit Hilfe spezieller Software ab. Schließlich handelt es sich nicht mehr nur um einige Hundert, auch nicht um einige Tausend, sondern mittlerweile um Millionen und Milliarden von Einzelkomponenten, die in modernen Rechnern für bestimmte Aufgaben miteinander verbunden werden. Der Weg von der Funktionsbeschreibung einer Schaltung bis hin zum realisierbaren Schaltplan wird als Logiksynthese bezeichnet. Zwar ließe sich auch ohne Synthese mit der direkt aus der Wertetabelle abgeleiteten Funktion der Schaltplan zeichnen – schließlich entspricht jedem logischen Operator ein entsprechendes Logikgatter –, jedoch ist diese Verknüpfung meist nicht die kürzeste und einfachste Form. Häufig lassen sich Funktionen mit den Regeln der Booleschen Algebra (Abschn. 2.4.2) noch vereinfachen, wodurch sogar ganze Variablen wegfallen können. Die vereinfachte Funktion ist dann oft mit deutlich weniger Aufwand technisch umsetzbar als die direkt aus der Wertetabelle abgeleitete Form. Durch die Logiksynthese erhalten wir schließlich einen Schaltplan, der uns dabei hilft, eine bestimmte Aufgabenstellung, wie die Addition zweier Zahlen, in bestmöglichster Weise in die Hardware umzusetzen. Denn wie überall im Leben, stellt sich auch hier die Frage: Wie kann ich mit minimalem Aufwand möglichst viel erreichen? Übertragen auf den Schaltungsentwurf heißt das: Wie lassen sich leistungsstarke und gleichzeitig kostengünstige und energieeffiziente Schaltungen realisieren? Die Logiksynthese ist auch deshalb von so großer Bedeutung, weil sie über die Eigenschaften einer Schaltung bestimmt, etwa wie kompakt, schnell und kostengünstig diese ist. Denn wer wünscht sich nicht ein Smartphone für wenig Geld, das in jede Hosentasche passt, große Datenmengen in kurzer Zeit verarbeiten kann und dabei auch noch so wenig Strom verbraucht, dass die nächste Steckdose auch mal ein paar Tagesmärsche weit entfernt sein kann? Doch genauso wenig, wie es die ideale Altersvorsorge oder das perfekte Verkehrsmittel gibt, genauso existiert auch nicht die ideale Schaltung: Je nach Aufgabenstellung werden durch die Logiksynthese unterschiedliche Eigenschaften angestrebt. So haben wir bereits bei den Addierern gesehen, dass die einfachste Schaltung, also die mit den wenigsten Bauteilen, nicht unbedingt auch die Schnellste ist.

Klick ins Netz: Video „Logiksynthese"
https://www.youtube.com/watch?v=v_i6VmGrkpc

   So, und nun wird's ernst: Angenommen, wir wollen den Schaltplan für ein einfaches technisches System zur Erfüllung einer ganz bestimm-

ten Aufgabe erstellen. Wir wissen, was das System können soll, haben
aber bisher weder eine Wertetabelle noch kennen wir die Funktionsgleichung, aus der sich der Schaltplan ableiten ließe. Wie müssen wir
vorgehen? Zunächst definieren wir die Eingangs- und Ausgangsvariablen
für die Schaltung und ermitteln anschließend für alle Wertekombinatio-
nen der Eingangsvariablen die jeweiligen Werte der Ausgangsvariablen –
diese tragen wir in eine Wertetabelle ein. Ausgehend von der Wertetabelle leiten wir die Funktionsgleichung ab, die das gewünschte Verhalten
des Systems beschreibt. Abschließend versuchen wir, die Funktion durch
die Logiksynthese so zu vereinfachen, dass wir den für unsere Zwecke
optimalen Schaltplan erstellen können.[1] Soviel zur Theorie, nun zur Praxis:

**Ein Beispiel: Überwachungssystem für die Kronjuwelen der
britischen Royals**
Die Kronjuwelen der britischen Königsfamilie sollen im Museum des
Buckingham Palace ausgestellt werden. Die teuren Stücke befinden sich
hinter dem schusssicheren Panzerglas einer mit Berührungssensoren aus-
gestatteten Vitrine, die zusätzlich von einer Absperrung umgeben ist. Das
Überwachungssystem soll nun wie folgt funktionieren: Eine Sirene (S)
soll immer dann ausgelöst werden, wenn

- der Touch-Sensor (T) an der Vitrine eine Berührung misst,
- jemand die Absperrung (A) übertritt und zur selben Zeit der Wachposten (W) im Ausstellungsraum NICHT besetzt ist.

Wie sieht der Schaltplan für ein solches Überwachungssystem aus?

---

[1] Die hier beschriebene Vorgehensweise ist nur für die Entwicklung von Schaltplänen
sehr einfacher technischer Systeme praktikabel.

Schauen wir uns die Aufgabe genauer an, stellen wir fest, dass die
Funktion der Sirene S die Ausgangsvariable ist, die von den drei Eingangsvariablen A (die Absperrung wird übertreten), W (der Wachposten
ist besetzt) und T (der Touch-Sensor nimmt eine Berührung wahr) abhängt. Entsprechend der beschriebenen Ereignisse, die eintreffen müssen, damit die Sirene losgeht, können wir die Wertetabelle (Tab. 5.5)
ausfüllen.

Ziel ist es nun, aus der Wertetabelle eine Funktion abzuleiten, die das
Verhalten unseres Überwachungssystems beschreibt, nämlich die Fälle,
in denen S 1 wird.

Tab. 5.5 Wertetabelle Kronjuwelen-Überwachungssystem

A	W	T	S
0	0	0	0
0	0	1	1
0	1	0	0
0	1	1	1
1	0	0	1
1	0	1	1
1	1	0	0
1	1	1	1

Dies wären:

$$\text{Fall 1: } S = \neg A \wedge \neg W \wedge T$$
$$\text{Fall 2: } S = \neg A \wedge W \wedge T$$
$$\text{Fall 3: } S = A \wedge \neg W \wedge \neg T$$
$$\text{Fall 4: } S = A \wedge \neg W \wedge T$$
$$\text{Fall 5: } S = A \wedge W \wedge T$$

Die fünf Funktionen lassen sich mit dem Booleschen Operator ODER zu der Gesamtfunktion verknüpfen, welche die gesuchte Schaltung abbildet:

$$S = (\neg A \wedge \neg W \wedge T) \vee (\neg A \wedge W \wedge T) \vee (A \wedge \neg W \wedge \neg T)$$
$$\vee (A \wedge \neg W \wedge T) \vee (A \wedge W \wedge T)$$

Den sich daraus ergebenden Schaltplan zeigt Abb. 5.6.

Schaltplan fertig, Aufgabe gelöst? Nicht so schnell! Das wichtigste kommt doch erst noch: die Logiksynthese. Schließlich wollen wir nicht

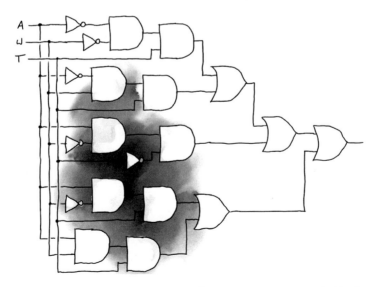

Abb. 5.6 Schaltplan für das Kronjuwelen-Überwachungssystem vor der Logiksynthese

irgendeinen, sondern den bestmöglichsten Schaltplan erstellen. Schauen wir uns also an, ob wir die Funktionsgleichung mit den Regeln der Booleschen Algebra, die wir in Abschn. 2.4.2 kennengelernt haben, noch weiter vereinfachen können.

Tatsächlich:

$$S = (\neg A \wedge \neg W \wedge T) \vee (\neg A \wedge W \wedge T) \vee (A \wedge \neg W \wedge \neg T)$$
$$\vee (A \wedge \neg W \wedge T) \vee (A \wedge W \wedge T)$$

Wenn wir das Kommutativgesetz (Abschn. 2.4.2) anwenden, können wir die letzten beiden Terme vertauschen:

$$S = (\neg A \wedge \neg W \wedge T) \vee (\neg A \wedge W \wedge T) \vee (A \wedge \neg W \wedge \neg T)$$
$$\vee (\mathbf{A \wedge T \wedge \neg W}) \vee (\mathbf{A \wedge T \wedge W})$$

Mithilfe des Distributivgesetz (Abschn. 2.4.2) lassen sich diese nun bedingt zusammenfassen, mit folgendem Ergebnis:

$$S = (\neg A \wedge \neg W \wedge T) \vee (\neg A \wedge W \wedge T) \vee (A \wedge \neg W \wedge \neg T) \vee (\mathbf{A \wedge T}) \wedge (\mathbf{\neg W \vee W})$$

Ein weiteres Gesetz der Booleschen Algebra ist das Komplementärgesetz, wonach gilt $\neg x \vee x = 1$. Das bedeutet:

$$S = (\neg A \wedge \neg W \wedge T) \vee (\neg A \wedge W \wedge T) \vee (A \wedge \neg W \wedge \neg T) \vee (A \wedge T) \wedge \mathbf{(1)}$$

Mithilfe des Booleschen Neutralitätsgesetz $x \wedge 1 = x$, lässt sich die 1 wieder eliminieren, übrig bleibt:

$$S = (\neg A \wedge \neg W \wedge T) \vee (\neg A \wedge W \wedge T) \vee (A \wedge \neg W \wedge \neg T) \vee (A \wedge T)$$

Nun kommt wieder das Kommutativgesetz zum Einsatz:

$$S = (\mathbf{\neg A \wedge T \wedge \neg W}) \vee (\mathbf{\neg A \wedge T \wedge \neg W}) \vee (A \wedge \neg W \wedge \neg T) \vee (A \wedge T)$$

Und wieder das Distributivgesetz:

S = (¬**A** ∧ **T**) ∧ (¬**W** ∨ ¬**W**) ∨ (A ∧ ¬W ∧ ¬T) ∨ (A ∧ T)

¬x ∨ x = 1

S = (¬**A** ∧ T) ∧ (**1**) ∨ (A ∧ ¬W ∧ ¬T) ∨ (A ∧ T)

x ∧ 1 = x

S = (¬**A** ∧ T) ∨ (A ∧ ¬W ∧ ¬T) ∨ (A ∧ T)

Kommutativgesetz

S = (¬**A** ∧ **T**) ∨ (**A** ∧ **T**) ∨ (A ∧ ¬W ∧ ¬T)

Distributivgesetz

S = (¬**A** ∧ **A**) ∧ (**T**) ∨ (A ∧ ¬W ∧ ¬T)

¬x ∨ x = 1

S = (**1**) ∧ (T) ∨ (A ∧ ¬W ∧ ¬T)

x ∧ 1 = x

S = **T** ∨ (**A** ∧ ¬**W** ∧ ¬**T**)

Geschafft!! Puh, ganz schön mühsam – kein Wunder, dass die Logik-synthese in Wirklichkeit automatisch abläuft. Doch der Aufwand hat sich gelohnt: Unsere Funktion ist deutlich kompakter geworden. Was das für den Schaltplan bedeutet, zeigt Abb. 5.7.

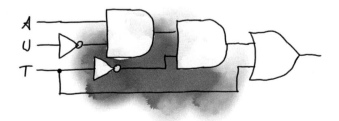

Abb. 5.7 Schaltplan für das Kronjuwelen-Überwachungssystem nach der Logiksyn-these

Wow! Auch der Schaltplan ist deutlich übersichtlicher und besteht nun aus viel weniger Bauteilen als vorher. Bei der Umsetzung der elektronischen Schaltung lassen sich also ganz schön Kosten einsparen – dank Logiksynthese! Erstaunlich oder? Und wir haben unser Überwachungssystem, mit dem die Kronjuwelen des britischen Königshauses vor jedem Langfinger sicher sind.

Literaturkasten

Wir hoffen, wir konnten Ihnen in diesem Kapitel einen ersten Eindruck davon vermitteln, wie sich Schaltpläne für einfache Addierschaltungen erstellen lassen und welche Schritte nötig sind, um von der Beschreibung einer elektronischen Schaltung hin zur Schaltung selbst zu gelangen. Allen, die sich nun noch etwas eingehender mit dem logischen Entwurf von Schaltungen beschäftigen möchten, empfehlen wir folgende einführende Literatur:

Molitor, Paul/ Scholl, Christoph (1999): Datenstrukturen und effiziente Algorithmen für die Logiksynthese kombinatorischer Schaltungen. Vieweg & Teubner, Wiesbaden

Keller, Jörg/ Paul, Wolfgang J. (2005): Hardware Design. Formaler Entwurf digitaler Schaltungen. 3. Aufl., Vieweg+Teubner, Wiesbaden

Wöstenkühler, Gerd Walter (2016): Grundlagen der Digitaltechnik: Elementare Komponenten, Funktionen und Steuerungen. 2. Aufl., Carl Hanser, München

Wie sage ich es meinem Computer?

Wie bringe ich meinen Computer dazu, ganz bestimmte Dinge zu tun? Zum einen könnte ich, wie bei unserem grandiosen Kronjuwelen-Überwachungssystem, eine Hardware bauen, die genau das tut, was ich möchte. Allerdings hat die Hardware dann nur diese eine und keine weitere Funktion. Ich könnte aber auch ein System entwickeln, welches so programmierbar ist, dass es völlig unterschiedliche Dinge für mich erledigen kann. Doch wie müssen die Anweisungen an den Rechner formuliert sein, damit er diese auch versteht? Schon aus Kap. 2 wissen wir, dass der Computer nicht unsere Sprache spricht – obwohl wir durch die Fortschritte auf dem Gebiet der Spracherkennung schon mal das gegenteilige Gefühl bekommen. Das Verständnisproblem liegt in der Mehrdeutigkeit der menschlichen Sprache: Worte können mehr als nur eine Bedeutung haben, wie die Bank, die erst in einem finanziellen Kontext Rückschlüsse auf das Kreditinstitut ziehen lässt. Aber auch die Art und Weise, wie ich ein Wort betone, hat mitunter Auswirkungen auf dessen Sinngehalt: Soll die Rennfahrerin nun das Hindernis **um**fahren oder soll sie es um**fahren**? Zudem kann die Syntax, also die Art und Weise, wie einzelne Worten zu Wortgruppen oder Sätzen zusammengefügt werden, für Verwirrung sorgen: So ist die Aussage „Peter liest das Buch seiner Schwester Henrike vor" alles andere als eindeutig, denn Peter könnte zum einen seiner Schwester, die Henrike heißt, ein Buch vorlesen, er könnte aber auch einer Person namens Henrike ein Buch vorlesen, das seiner Schwester gehört oder das seine Schwester geschrieben hat. Nicht zuletzt wäre

© Springer-Verlag GmbH Deutschland 2017
R. Drechsler et al., *Computer*, Technik im Fokus, DOI 10.1007/978-3-662-53060-3_6

es möglich, dass Peter einer nicht näher bestimmten Zuhörerschaft ein
Buch, das sich im Besitz seiner Schwester Henrike befindet oder dessen
Autorin sie ist, vorliest.

Für den Menschen erschließt sich das eigentlich Gemeinte oft schon
durch den inhaltlichen Kontext, in dem das Gesagte oder Geschriebene
steht. Es zu verstehen, erfordert eine gewisse Interpretationsleistung, die
auf Kontextwissen basiert sowie auf der Fähigkeit des Menschen, sich
in seinen Gegenüber hineinzuversetzen. So würde ein Bäcker in Bayern
vielleicht etwas missmutig dreinschauen, aber seiner Kundin trotzdem
eine Semmel verkaufen, obwohl sie nach einem Brötchen gefragt hat.
Ein Computer tickt da anders: Er versteht entweder 0 oder 1 – und seine
Toleranz gegenüber Fehlern ist begrenzt.

Es hilft also nichts: Wollen wir uns der Technik verständlich machen, müssen wir schon ihre Sprache sprechen bzw. eine Sprache finden, die sowohl Mensch als auch Maschine verstehen.

6.1 Programmiersprachen

Sprachen, die es ermöglichen, mit dem Computer zu kommunizieren, heißen Programmiersprachen. Und im Gegensatz zu menschlichen Sprachen sind sie immer eindeutig, das heißt, jede Zeichenkombination hat eine ganz bestimmte Bedeutung, lässt also keinerlei Interpretationsspielraum. Die Aufforderung „Bestelle mir bitte eine Salamipizza!" hieße dann auch, bestelle mir bitte eine Salamipizza, und nicht eine Pizza Funghi – klare Sache für den Computer. Mit Hilfe von Programmiersprachen lassen sich Anweisungen also so präzise formulieren, dass sie vom Rechner problemlos ausgeführt werden können. Auf diese Weise entstehen ganze Computeranwendungen und -programme, die Informationen verarbeiten. Und die gibt es heute wie Sand am Meer – ob Textverarbeitung, Browser, Computerspiele, Programme zur Bildbearbeitung, welche, die die Steuererklärung erledigen, den Blutdruck messen oder Pizza bestellen. Die Liste ließe sich endlos mit mehr oder weniger sinnvollen Anwendungen fortsetzen.

Programmiersprachen lassen sich je nach Abstraktionsebene in Maschinensprachen, Assemblersprachen und höhere Programmierspra-

chen – auch Hochsprachen genannt – unterscheiden und wie in Abb. 6.1
hierarchisch darstellen. Die Maschinensprache besteht aus 0en und 1en
und kann damit direkt vom Computer ausgeführt werden. Allerdings
ist der Binärcode für den Menschen nicht ohne weiteres verständlich,
weshalb Programme heute zumeist in höheren Programmiersprachen
geschrieben werden, die vom Maschinencode bei einem hohen Grad
an Abstraktion abgeleitet sind. Auch die Assemblersprache ist von der
Maschinensprache abstrahiert, aber im Gegensatz zu den Hochsprachen
noch recht hardwarenah. Beiden ist jedoch gemein, dass sie zunächst
von speziellen Programmen in Maschinencode übersetzt werden müssen, bevor sie vom Computer verarbeitet werden können – im Falle der
Hochsprachen von einem Compiler, über dessen Arbeitsweise wir in
Abschn. 6.1.3 noch mehr erfahren.

Übrigens: Die in einer Programmiersprache oft mithilfe einfacher
Texteditoren erzeugten Codes werden als Quelltext bezeichnet.

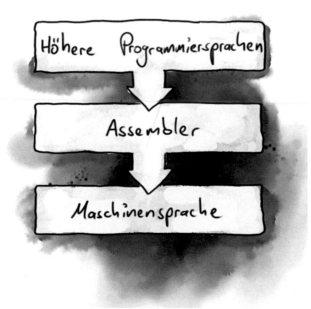

Abb. 6.1 Hierarchie der Programmiersprachen

6.1.1 Von der Maschinensprache zum Assemblercode

Was beim Computer von dem, was wir per Maus, Tastatur oder auch mündlich eingeben, ankommt, ist eine scheinbar endlos lange Folge aus den Werten 0 und 1. Darin enthalten sind jedoch alle Informationen, die der Prozessor im Rahmen eines Programms verarbeiten soll. Dabei sprechen unterschiedliche Prozessoren auch unterschiedliche Maschinensprachen, je nachdem, welche Befehle sie ausführen können.

Aus Kap. 5 wissen wir: Rechner können nur ganz einfache Dinge tun, zum Beispiel zwei Zahlen zusammenzählen oder miteinander vergleichen, einen Wert in einen Speicher schreiben oder aus diesem laden – allerdings lassen sich aus diesen Grundfunktionen komplexere Funktionen ableiten. Aber nicht nur die Befehle, sondern auch die Daten, auf die sie sich beziehen, sind binär codiert, etwa die Zahlen, die miteinander addiert werden sollen. Man kann den einzelnen Bits aber nicht ansehen, ob sie einen Befehl, eine Zahl oder etwa den Speicherort für einen Wert näher definieren. Aus diesem Grund ist es auch für den Menschen nicht so einfach möglich, Maschinensprache zu lesen, und auch das Programmieren im Maschinencode ist äußerst beschwerlich und daher längst nicht mehr üblich.

Die ersten Computer wurden allerdings noch in Maschinencode programmiert. Um die Programmierung zu vereinfachen, kam man jedoch schon bald auf die Idee, die Befehle in einem für den Menschen verständlicheren Textformat zu schreiben. Das Ergebnis dieser Bemühung war zunächst die Assemblersprache, die sich mit Hilfe eines eigens dafür entwickelten Programms, des Assemblers, in die Maschinensprache übersetzen ließ. Warum diese neue Sprache sinnvoll war, soll ein Beispiel verdeutlichen.

Schauen wir uns dazu eine Bitfolge an, die als Maschinencode von einer 8 Bit-CPU ausgeführt werden soll:

```
0001011000010001100010010001001000000001101000100001010010
111000000
```

Wir sehen ... ähm ... genau: 0en und 1en. Aber welche Anweisung dahinter steckt, was der Prozessor also konkret machen soll, ist daraus nicht auf Anhieb ersichtlich.

Nähern wir uns der Sache doch einmal an, indem wir überlegen, was einen 8 Bit-Prozessor eigentlich ausmacht: Richtig, er kann in einem Schritt jeweils Folgen von 8 Bit verarbeiten – daher können wir unsere lange Bitfolge in kleinere 8 Bit-Häppchen aufspalten:

```
00010110
00100011
00010010
00100100
00000011
01000100
00100101
11000000
```

Und nun? Die Happen sind noch zu groß, um weiterzukommen – daher müssen wir sie in noch kleinere Abschnitte teilen. Das Ergebnis: drei Spalten, denen wir ganz bestimmte Bedeutungen zuschreiben können:

Befehl	Nummer	Operand
000	1	0110
001	0	0011
000	1	0010
001	0	0100
000	0	0011
010	0	0100
001	0	0101
110	0	0000

Bei der ersten Spalte handelt es sich um die Befehlsspalte, durch die der jeweilige Befehl an die CPU kodiert wird. Dafür sind in unserem Beispiel genau drei Bit vorgesehen, mit denen sich insgesamt acht verschiedene Befehle kodieren lassen – für unsere 8 Bit-CPU sind das die in Tab. 6.1 aufgelisteten.

Die Befehle werden üblicherweise in einem Register ausgeführt, einer Speichereinheit innerhalb des Prozessors, in denen neben den Befehlen auch die Speicheradressen und Rechenoperanden zwischengespeichert werden, während das Programm läuft.

Sehen wir uns nun die Funktion der zweiten Spalte an, die das sogenannte Nummernbit beinhaltet. Dieses kann zwei unterschiedliche Bedeutungen annehmen: Hat das Nummernbit den Wert 0, so ist der dar-

Tab. 6.1 Befehlssatz der Beispiel-CPU

000	LOAD	zu Deutsch „laden", Befehl: Lade einen Wert
001	STORE	zu Deutsch „speichern", Befehl: Speichere einen Wert
010	ADD	zu Deutsch „addieren", Befehl: Addiere einen Wert zu einem anderen Wert hinzu
011	SUB	kurz für „subtract", zu Deutsch „subtrahieren", Befehl: Subtrahiere einen Wert von einem anderen Wert
100	COMP	kurz für „compare", zu Deutsch „vergleichen", Befehl: Vergleiche zwei Werte miteinander
101	JUMP	zu Deutsch „springen", Befehl: Setze die Bearbeitung des Programms an einer anderen Stelle fort
110	HALT	zu Deutsch „anhalten", Befehl: Beende das Programm
111	NOOP	kurz für „no operation", deutsch „keine Operation", Befehl ruft keine Aktion hervor, die CPU geht zum nächsten Befehl über

auffolgende Operand als eine Adresse im Arbeitsspeicher des Rechners zu interpretieren, dem Ort, der das auszuführende Programm sowie die dafür benötigten Daten enthält und auf den der Prozessor unmittelbar zugreift. Ist das Nummernbit dagegen 1, dann ist der Operand, der folgt, eine konkrete Zahl, mit der etwas gemacht werden soll. Um die beiden Interpretationsmöglichkeiten zu unterscheiden, werden Zahlen jeweils mit dem Symbol # gekennzeichnet.

Mit diesem Wissen können wir nun die konkrete Bedeutung unserer Bitfolge zeilenweise bestimmen:

1. Zeile:

Befehl	Nummer	Operand
000	1	0110

Aus der ersten Zeile lässt sich der Befehl „LOAD", also „laden", ableiten. Das Nummernbit ist eine 1, beim Operanden handelt es sich somit um eine Zahl. Nun ist unsere Fähigkeit, Binärzahlen in Dezimalzahlen umzuwandeln, gefragt: Welche dezimale Zahl steckt hinter der Bitfolge 0110? Richtige Antwort: 6 (Nicht draufgekommen? Dann nochmal in Kap. 4 nachblättern).

Der erste Befehl an die CPU lautet also: „Lade den Wert 6 in das Register" bzw. LOAD#6.

2. Zeile

Befehl	Nummer	Operand
001	0	0011

Die zweite Zeile beinhaltet den Befehl „STORE". Das Nummernbit ist eine 0 und beschreibt demnach keine Zahl, sondern die Adresse im Arbeitsspeicher, und das ist in diesem Fall die 3.

Der zweite Befehl lautet daher: „Speichere den Wert aus dem Register – also die 6 – in die Speicherzelle 3 des Arbeitsspeichers" bzw. STORE3.

Genauso verfahren wir mit der dritten Zeile:

3. Zeile

Befehl	Nummer	Operand
000	1	0010

Wieder lautet der Befehl „LOAD" und hinter dem Operanden verbirgt sich die Dezimalzahl 2.

Daraus lässt sich der dritte Befehl ableiten: „Lade den Wert 2 in das Register" bzw. LOAD#2.

Da das Prinzip jetzt sicherlich verständlich geworden ist, gibt's für die übrigen Bitfolgen nur noch die konkreten Befehle:

4. Zeile

Befehl	Nummer	Operand
001	0	0100

Vierter Befehl: „Speichere den Wert aus dem Register – also die 2 – in die Speicherzelle 4 des Arbeitsspeichers" bzw. STORE4.

5. Zeile

Befehl	Nummer	Operand
000	0	0011

Fünfter Befehl: „Lade den Wert aus der Speicherzelle 3 – also die 6 – in das Register" bzw. LOAD3.

6. Zeile

Befehl	Nummer	Operand
010	0	0100

Sechster Befehl: „Addiere zu dem Wert aus dem Register – also der 6 – den Wert aus der Speicherzelle 4 des Hauptspeichers – also die 2" bzw. ADD4.

7. Zeile

Befehl	Nummer	Operand
001	0	0101

Siebter Befehl: „Speichere den Wert aus dem Register – also die Summe von 6 und 2 – in die Speicherzelle 5 des Arbeitsspeichers" bzw. STORE5.

8. Zeile

Befehl	Nummer	Operand
110	0	0000

Achter Befehl: „Beende das Programm" bzw. HALT.

Fertig! Nun haben wir den kompletten Maschinencode entschlüsselt, und zwar, indem wir ihn in einen anderen Code umgewandelt haben, der schon etwas leichter für uns zu lesen ist – den sogenannten Assemblercode. Die Erkenntnis: Bei unserer Bitfolge handelte es sich keineswegs um eine willkürliche Aneinanderreihung von 0en und 1en, sondern um ein Programm, das die Zahlen 6 und 2 miteinander addieren kann.

Assemblercode

```
LOAD  #6
STORE 3
LOAD  #2
STORE 4
LOAD  3
ADD   4
STORE 5
HALT
```

Anstelle des für den Menschen nur schwer zu entschlüsselnden Binärcodes werden die Befehle und Operanden in der Assemblersprache durch konkrete aus dem Englischen abgeleitete Anweisungen, wie „LOAD"

oder „ADD" sowie Nummern und Zahlen dargestellt, die leichter erkennen lassen, was der Prozessor tun soll. Trotzdem sind Assemblerpro-
gramme noch sehr hardwarenah geschrieben, weshalb sich darin auch
die Arbeitsweise der CPU ausdrückt: Bevor Daten auf eine bestimmte Art und Weise verarbeiten werden können, müssen sie immer erst
aus dem Arbeitsspeicher in ein prozessorinternes Speicherregister geladen werden, da nur dort Befehle ausführbar sind. Die Ergebnisse jeder Aktion werden dann wieder in einer Speichereinheit abgespeichert.
Dementsprechend enthält unser Code neben dem eigentlichen Additions-
befehl eine ganze Reihe von Lade- und Speicherbefehlen. Generell ist
die Assemblersprache direkt auf die Eigenschaften und Befehlssätze einzelner Computersysteme zugeschnitten. Aus diesem Grund können ihre
Befehle durch ein Übersetzungsprogramm, den Assembler, direkt in ausführbare Maschinenbefehle umgewandelt werden, was ihnen gegenüber
höheren Programmiersprachen einen deutlichen Geschwindigkeitsvorteil
verschafft.

Da jede Computerarchitektur ihre eigene Maschinensprache hat, ist
auch die Assemblersprache prozessorabhängig. Die Sprachen verschiedener Architekturen unterscheiden sich dabei in Anzahl und Typ der
unterschiedlichen Befehle. Darin liegt auch der Nachteil von Assemblersprachen: Sie können in der Regel nicht auf ein anderes Computersystem
übertragen werden. Das heißt: Programme, die in einer bestimmten Assemblersprache geschrieben wurden, lassen sich nicht ohne weiteres von
fremden Prozessoren ausführen – unter Umständen ist dafür ein kom-
plettes Neuschreiben des Programmcodes erforderlich.

Und welche Rolle spielen Assemblersprachen heute? Mit der Entwicklung der höheren Programmiersprachen hat ihre Bedeutung massiv
abgenommen. Früher wurden ganze Betriebssysteme in Assemblersprache kodiert, mittlerweile kommen sie nur noch selten zum Einsatz, zum
Beispiel, wenn es auf die Geschwindigkeit bei der Verarbeitung eines
Programms ankommt, etwa bei Echtzeitsystemen oder beim Hochleis-
tungsrechnen.

6.1.2 Höhere Programmiersprachen

Die Nachteile von Assemblersprachen führten im Laufe der Zeit dazu, dass immer mehr Programmiersprachen entwickelt wurden. Das Ziel war es dabei stets, einen Kompromiss zwischen einer guten Verarbeitung durch den Rechner einerseits und der einfachen Verständlichkeit für den Menschen andererseits zu finden. Die heute am häufigsten verwendeten Programmiersprachen sind sogenannte höhere Programmiersprachen, auch Hochsprachen genannt, die eine abstraktere Ausdrucksweise ermöglichen, welche für den Menschen leichter verständlich ist. Allerdings kann der Prozessor die Befehle höherer Programmiersprachen nicht unmittelbar verstehen und ausführen – sie müssen erst solange übersetzt werden, bis sie schließlich nur noch aus 0en und 1en bestehen.

Anders als Assemblersprachen orientieren sich Hochsprachen nicht mehr an den Eigenschaften des jeweiligen Rechners, sondern lassen sich auf verschiedene Computersysteme übertragen. Ein Programm, das in einer höheren Programmiersprache geschrieben ist, kann also auch von verschiedenen Prozessoren verarbeitet werden. Die Bezeichnung als „höhere" Sprache ist übrigens nicht auf den Schwierigkeitsgrad des Programmierens mit Hochsprachen bezogen. Im Gegenteil: Höhere Programmiersprachen sollen es vielmehr erleichtern, komplexe Aufgaben mit einem Computerprogramm zu realisieren. Das Attribut „höher" bezieht sich stattdessen auf die Abstraktionsebene der Programmiersprache, das bedeutet, dass höhere Programmiersprachen mehr und komplexere logische Zusammenhänge mit weniger Text ausdrücken, der dann durch automatisierte Prozesse auf Maschinencode heruntergebrochen wird.

Für unser oben aufgeführtes Beispiel sähe der Code in der höheren Programmiersprache C beispielsweise so aus:

```
Int main() {
    int x = 6;
    int y = 2;
    int z = x + y;
}
```

Zum Vergleich nochmal der Assemblercode:

```
LOAD #6
STORE 3
LOAD #2
STORE 4
LOAD 3
ADD 4
STORE 5
HALT
```

Die höhere Abstraktionsebene mit zum Teil sehr komplexen und op-
timierten Ausdrücken führt allerdings auch dazu, dass die Übersetzung
von der Hochsprache in den Maschinencode entsprechend länger dauert,
was sich nicht zuletzt auch auf die Geschwindigkeit auswirkt, in der das
Programm ausgeführt wird.

Heute gibt es weit über 100 unterschiedliche höhere Programmiersprachen, von denen einige allgemein anwendbar sind, andere nur für
Spezialanwendungen eingesetzt werden. Tab. 6.2 gibt einen Eindruck
von der Anwendungsvielfalt mehrerer gängiger Hochsprachen sowie davon, wie der jeweilige Code der Programmiersprache aussieht – und zwar
am Beispiel des sogenannten „Hello World!"-Programms, eines kleinen
Computerprogramms, dessen Aufgabe es ist, den englischen Text „Hello
World!" auszugeben.

Wenn wir uns die einzelnen Codes der aufgelisteten Programmiersprachen genauer ansehen und sie miteinander vergleichen, stellen wir
schnell fest, dass diese zum Teil große Ähnlichkeiten aufweisen. Wie andere Sprachen setzen sich auch höhere Programmiersprachen aus einem
Alphabet, einem Vokabular, einer Syntax und einer Grammatik zusammen. Da sie in der Regel auf dem Englischen beruhen, lässt sich oft mit
einiger Kenntnis der englischen Sprache erahnen, welcher Zweck sich
hinter bestimmten Ausdrücken verbirgt. Darüber hinaus hat sich auch ein
gewisser Grundwortschatz herausgebildet, der vielen Hochsprachen in
gleicher Weise eigen ist – daher würde eine versierte C++-Programmie-
rerin oder ein versierter C++-Programmierer keinesfalls komplett hilflos
vor dem Code eines in Java geschriebenen Programmes stehen. Kein
Wunder also, dass es mit etwas Erfahrung wesentlich leichter ist, eine

Tab. 6.2 „Hello World!"-Programm in verschiedenen höheren Programmiersprachen (www.helloworldcollection.de, Zugriff am 20.09.2016)

Hochsprache	Hauptanwendung	„Hello World!"-Programm
BASIC	Einsatz insbesondere zu Lehrzwecken	`10 PRINT "Hello World!"`

C	Generelle System- und Anwendungsprogrammierung	`#include <stdio.h>`
		`int main(void)`
		`{`
		`puts("Hello World!");`
		`}`

C++	Generelle System- und Anwendungsprogrammierung	`#include <iostream.h>`
		`main()`
		`{`
		`cout << "Hello World!" <<`
		`endl;`
		`return 0;`
		`}`

COBOL	Programmierung kaufmännischer Anwendungen	`**********************`
		`IDENTIFICATION DIVISION.`
		`PROGRAM-ID. HELLO.`
		`ENVIRONMENT DIVISION.`
		`DATA DIVISION.`
		`PROCEDURE DIVISION.`
		`MAIN SECTION.`
		`DISPLAY "Hello World!"`
		`STOP RUN.`
		`**********************`

Java	Programmierung von Webanwendungen	`class HelloWorld {`
		`static public void main(`
		`String args[] ) {`
		`System.out.println( "Hello`
		`World!" );`
		`}`
		`}`

MATLAB	Programmierung von Anwendungen zur Berechnung und Visualisierung mathematischer Ausdrücke	`disp('Hello World');`
Python	Programmierung von Webanwendungen sowie von Anwendungen zur Datenverarbeitung und -visualisierung	`print "Hello World"`

neue Programmiersprache zu erlernen, als etwa Russisch oder Chinesisch, obwohl man schon Deutsch, Englisch und Spanisch beherrscht. Die Syntax, sprich die zulässigen Begrifflichkeiten, sind zwar von Programmiersprache zu Programmiersprache verschieden, die dahinterstehenden Konzepte, auf die es ankommt, sind es in der Regel aber nicht.

Grundsätzlich lassen sich vier Hauptbestandteile höherer Programmiersprachen unterscheiden: Variablen, Operatoren, Kontrollstrukturen und Funktionen. Variablen dienen dazu, Informationen zu speichern – schließlich müssen sich Computeranwendungen Daten merken können, um zu einem späteren Zeitpunkt im Programmablauf darauf zurückgreifen zu können. Ohne das Speichern von Informationen würden bereits errechnete Ergebnisse einfach verloren gehen. Variablen bestehen zum einen aus dem Datentyp, der festlegt, welche Art von Information in ihnen gespeichert werden kann, zum anderen aus dem Variablennamen, der in erster Linie der Identifizierung der Variable dient.

Vorgänge, mit denen sich Informationen verarbeiten lassen, etwa die Addition von Zahlen, sind durch Operatoren realisierbar. Die meisten Programmiersprachen verfügen über ähnliche Operatoren, dazu gehören etwa arithmetische – zum Beispiel Plus, Minus, Mal, Geteilt – und logische Berechnungszeichen – wie AND, OR, NOT. Mit Hilfe von Variablen und Operatoren lassen sich Informationen bereits problemlos verarbeiten, jedoch erfolgt die Verarbeitung lediglich linear: Der Computer arbeitet die Programmanweisungen im Code nacheinander von oben nach unten ab, und zwar jede Anweisung exakt einmal. Doch was, wenn wir nun bestimmte Daten innerhalb unseres Programms mit einem Passwort schützen wollen, das Programm also erst nach Eingabe der korrekten Zeichenkombination auf eine bestimmte Weise weiterlaufen soll? Dann müssen wir auf sogenannte Kontrollstrukturen zugreifen, die, abhängig von der Eingabe der Anwenderin oder des Anwenders, entweder Zugang zu den geschützten Daten gewähren oder eben nicht. Durch solche Verzweigungen können Kontrollstrukturen den Programmfluss maßgeblich beeinflussen.

Die vierte Hauptkomponente höherer Programmiersprachen sind schließlich die Funktionen, die aus mehreren Anweisungen Befehlsblöcke bilden. Diese Blöcke erhalten Namen, über die sie aufgerufen und ausgeführt werden können. Indem sie Anweisungen bündeln, helfen Funktionen Programme übersichtlicher zu gestalten. Zusätzlich zu diesen Komponenten verfügen Hochsprachen noch über sogenannte Schlüsselwörter, die innerhalb einer bestimmten Programmiersprache eine ihnen zugewiesene, feste Bedeutung haben, und somit nicht als Variablennamen oder Namen von Funktionen eingesetzt werden dürfen. Sie bilden sozusagen das Vokabular einer jeden Programmiersprache.

Bis auf die Kontrollstrukturen lassen sich die Hauptbestandteile eines Codes an unserem kleinen Additionsprogramm in der höheren Programmiersprache C veranschaulichen:

```
int main() {
    int x = 6;
    int y = 2;
    int z = x + y;
}
```

Die Variablen dieses Codes sind int x, int y und int z, wobei int der Datentyp ist, der das Speichern von Zahlen ermöglicht, und x, y und z die Variablennamen. int ist außerdem ein Schlüsselwort der Programmiersprache C und steht für das englische „integer", was ganzzahlig bedeutet. Das = und das + sind zweifelsfrei die Operanden des Codes, und die Funktion namens main() umfasst schließlich das, was sich innerhalb der {} befindet.

6.1.3   Von der Hochsprache zur Maschinensprache

Wie lassen sich nun Hochsprachen in Maschinensprache übersetzen, so
dass sie vom Prozessor verarbeitet werden können? Die Antwort lautet:
Mit einem speziell dafür entwickelten Computerprogramm, dem sogenannten Compiler (zu Deutsch „Übersetzer"). Dieser wandelt den Quelltext, der mit einer höheren Programmiersprache geschrieben wurde, pha-
senweise in Maschinenbefehle um. Mehr noch: Das pfiffige Programm
findet automatisch Fehler im Quellcode, die dann vom Programmierer
behoben werden können, und nimmt Optimierungen am Code vor.

Im Wesentlichen lässt sich die Arbeitsweise moderner Compiler in
zwei unterschiedliche Phasen einteilen, die nacheinander ablaufen und
jeweils unterschiedliche Aufgaben übernehmen: die Analysephase, die
den Quelltext analysiert und aus diesem einen sogenannten Syntaxbaum
erstellt, und die Synthesephase, die daraus das Zielprogramm erzeugt.
Schauen wir uns die beiden Phasen nun etwas genauer an.

Die Analysephase

Was passiert in der Analysephase? Na klar, der Code wird analysiert, aber nicht nur das, er wird auch strukturiert und auf Fehler geprüft. Die Analyse selbst ist wieder in drei Phasen gegliedert: die lexikalische, die syntaktische und die semantische Analyse. Der Compiler arbeitet dabei nicht unähnlich einem Menschen, der einen Text lesen, verstehen und übersetzen will.

Die lexikalische Analyse erkennt und unterscheidet Wörter, Zahlen und Satzzeichen im Quelltext. Sie zerteilt ihn in lexikalische Einheiten verschiedener Typen, wie Schlüsselwörter, Bezeichnungen von Variablen und Funktionen oder Operatoren. Zeichen oder Zeichenfolgen, die keiner Einheit zugeordnet werden können, sind lexikalische Fehler, die der Compiler in dieser Phase aufspürt. Dabei bemerkt und überspringt er Leerräume, wie Leerzeichen, Zeilenenden oder Tabulatorzeichen, sowie zusätzliche Kommentare. Zudem verbindet der Compiler während dieser Phase erkannte lexikalische Einheiten mit ihrer Position im Quelltext. So können Fehlermeldungen, die in der weiteren Analysephase auf Fehler im Quelltext hinweisen, auch auf den Ort des Fehlers verweisen.

Nach der lexikalischen Analyse überprüft die syntaktische Analyse dann, ob der eingelesene Quellcode ein korrektes Programm der zu übersetzenden Programmiersprache ist. Dafür wird der Code in einen Syntaxbaum umgewandelt, das heißt, er wird in seiner exakten syntaktischen Struktur in einer Baumstruktur dargestellt. Die Syntax einer Programmiersprache gibt dabei vor, welche syntaktischen Kombinationen zulässig sind und welche nicht. Ein Beispiel: In der Programmiersprache C ist eine Variablendeklaration `int x = 6;` korrekt, während `int 5 = 0` nicht erlaubt ist, da der Name einer Variable nicht mit einer Zahl beginnen darf und eine Anweisung mit einem Semikolon beendet werden muss. Ebenso könnte ich mich im Deutschen falsch ausdrücken, indem ich etwa das Verb unter den Tisch fallen lasse, wie in der Aussage „Die Katze schwarz". Falls der Quellcode also nicht zur Syntax der Quellsprache passt, weil er zum Beispiel unzulässige Datentypen enthält, gibt der Compiler einen Syntaxfehler aus. Error!!!

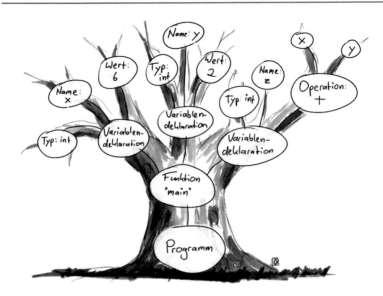

Abb. 6.2 Syntaxbaum für den Beispielprogrammcode

Abb. 6.2 zeigt den Syntaxbaum für den uns schon bekannten Programmcode:

```
int main() {
    int x = 6;
    int y = 2;
    int z = x + y;
}
```

Die semantische Analyse überprüft schließlich über die syntaktische Analyse hinausgehende Bedingungen an das Programm, etwa ob die einzelnen Bestandteile des Codes eindeutig und korrekt definiert sind. Sind sie es nicht, gibt der Compiler auch hier entsprechende Fehlermeldungen aus. Übertragen auf die deutsche Sprache würde die syntaktische Analyse zum Beispiel keinen Fehler in der Aussage „Die Katze ist morsch" entdecken. Die semantische Analyse aber erkennt: Eine Katze kann alt, schwarz oder verschmust sein, während „morsch" kein passendes Attri-

but für einen Stubentiger ist. Genauso stellt der Compiler in der semanti-
schen Analysephase sicher, dass der Programmierer an keiner Stelle des
Programms die sprichwörtlichen Äpfel und Birnen vermischt: Einer Variable, die vom Programmierer als ganze Zahl definiert wurde, kann so
in der Regel kein Bruch mehr zugewiesen werden.

Die Synthesephase

In der Synthesephase erzeugt der Compiler aus dem in der Analysephase
erstellten Syntaxbaum schließlich den Programmcode der Zielsprache –
für gewöhnlich die ausführbare Maschinensprache. Jedes Element aus
dem Syntaxbaum kann dabei in ein oder mehrere Anweisungen des Ma-
schinencodes übersetzt werden. Bleiben wir bei unserem Beispiel: Die
Variablendeklaration `int x = 6;` bedeutet so viel wie „ich möchte
unter dem Namen x eine ganze Zahl ablegen können und der Startwert
von x ist 6". Dieser Code hat erstmal keine direkte Entsprechung auf
Hardwareebene, denn dort existieren weder Namen für Werte, noch können Informationen über den Typ einer Variablen gespeichert werden. Der
Compiler ist dennoch in der Lage diese Anweisung zu übersetzen, und
zwar, indem er ein Stück vom Arbeitsspeicher für die Ablage der Daten reserviert, und sich für den Rest der Übersetzung merkt, dass sich x
immer auf diese Adresse im Speicher und auf eine ganze Zahl bezieht.
Spätere Anweisungen, wie zum Beispiel `int z = x + y;` können
dann vom Compiler übersetzt werden, indem er den Speicherort und den
dazugehörigen Datentypen verwendet, und so Maschinenbefehle für das
Laden der Werte aus dem entsprechenden Speicher, und für die Addition
von ganzen Zahlen erstellt. Dieses Prinzip lässt sich auf alle Elemente im
Syntaxbaum anwenden – auf diese Weise kann das komplette Programm
übersetzt werden.

Viele moderne Compiler generieren aus dem Syntaxbaum zunächst
einen Zwischencode – der bereits ziemlich hardwarenah sein kann –,
um darauf Programmoptimierungen durchzuführen. Diese Optimierungen können zum Beispiel darauf abzielen, den für das Programm benötigten Speicherplatz zu minimieren oder aber dessen Laufzeit zu verbessern. Der Programmcode der Zielsprache lässt sich dann entweder
direkt aus dem Syntaxbaum oder aber aus dem Zwischencode erzeugen.
Ist die Maschinensprache die Zielsprache, so kann das Ergebnis entweder ein Programm sein, das direkt ausgeführt werden kann, oder aber

eine sogenannte Objektdatei, aus der, verbunden mit weiteren Objekt-
dateien oder einer Laufzeitbibliothek – einer Sammlung von mehreren
Programmfunktionen –, ein ausführbares Programm wird.

Mit den Programmiersprachen sowie den dazugehörigen Übersetzer-
programmen haben wir nun die Werkzeuge kennengelernt, mit denen
wir Menschen dem Computer sagen können, was er für uns tun soll,
und die es uns erlauben, Software für alle möglichen Anwendungen zu
schreiben. Zusammen mit der Hardware definiert die Software, wozu ein
Computer funktionell in der Lage ist. In Kap. 7 schauen wir uns an, welche Funktionen eines Computers sich besser in Hardware und welche
besser in Software umsetzen lassen, und wir lernen den Rechnerarchitekten kennen, der sich mit dem Entwurf eines ganzen Computersystems
beschäftigt.

Literaturkasten
Es gibt zahlreiche Bücher, mit deren Hilfe sich bestimmte Programmiersprachen im Selbststudium erlernen lassen. Bevor Sie
sich jedoch an Ihre erste Hochsprache wagen, empfehlen wir
Ihnen, sich noch etwas ausführlicher mit den theoretischen Grundlagen auseinanderzusetzen. Die folgenden Werke vermitteln diese
anschaulich und detailreich – hier erfahren Sie genau, wie Programmiersprachen aufgebaut sind, was es mit Algorithmen auf
sich hat und wie sich mithilfe eines Compilers eine Hochsprache
in Maschinensprache übersetzen lässt:

Mehlhorn, Kurt/ Wilhelm, Reinhard (1986): Grundlagen der Programmiersprachen. Vieweg+Teubner, Wiesbaden

Bauer, Bernhard (1998): Übersetzung objektorientierter Programmiersprachen: Konzepte, Abstrakte Maschinen und Praktikum „Java-Compiler". Springer, Berlin Heidelberg

Saake, Gunter/ Sattler, Kai U. (2006): Algorithmen und Datenstrukturen: Eine Einführung mit Java. 3. Aufl., dpunkt., Heidelberg

Der Rechnerarchitekt

Lassen wir die vorangegangenen Kapitel noch einmal Revue passieren: Zu Beginn dieses Buches (Kap. 2) haben wir uns angeschaut, was Logik mit Datenverarbeitung zu tun hat und wie aus einfachen Aussagen logische Verknüpfungen werden. In Kap. 3 ging es dann um die Frage, wie sich die logischen Operationen in Hardware technisch realisieren lassen und welche herausragende Rolle die winzigen Transistoren dabei spielen. Die Kodierung von Zahlen und Buchstaben in 0en und 1en, so dass sie der Computer verstehen kann, stand im Mittelpunkt von Kap. 4. Am Beispiel der Addition haben wir dann in Kap. 5 näher beleuchtet, wie der Computer Berechnungen durchführen kann, und auf welche Weise sich aus diesen Operationen durch Logiksynthese Schaltpläne für ganz konkrete Anwendungen erstellen lassen. Wie wir mit Hilfe von Programmiersprachen dem Rechner schließlich alle möglichen Aufgaben zuteilen können und welche Übersetzungsleistung dafür notwendig ist, war Thema von Kap. 6. Darauf aufbauend soll es in diesem Kapitel nun um all die Fragen gehen, die sich jemand stellen und all die Entscheidungen, die jemand treffen muss, der ein neues Rechnersystem entwerfen will.

Doch wer ist dieser Jemand überhaupt? Die Jobbeschreibung passt auf den Rechnerarchitekten, der selbstverständlich auch eine Rechnerarchitektin sein kann. Aber Moment mal: Ist ein Architekt nicht jemand, der Gebäude plant und entwirft? Richtig, der Begriff „Architekt" kommt aus dem Griechischen, bedeutet so viel wie oberster Handwerker oder Baumeister und beschreibt eine Person, die sich überlegt, welches die

© Springer-Verlag GmbH Deutschland 2017
R. Drechsler et al., *Computer*, Technik im Fokus, DOI 10.1007/978-3-662-53060-3_7

optimale Weise ist, ein Bauwerk zu erschaffen. Dabei geht der Architekt,
egal, ob er sich nun um die Planung eines Hauses, die Einrichtung eines
Raumes, die Gestaltung einer Gartenanlage oder eben um den Entwurf
eines Rechners kümmert, keinesfalls nach Lust und Laune vor. Im Gegenteil: Bei seinen Überlegungen spielen ganz konkrete Gesichtspunkte
eine Rolle, seien sie technischer, wirtschaftlicher, funktionaler oder ge-
stalterischer Natur. Der Rechnerarchitekt legt also exakt fest, wie ein
Rechner aufgebaut sein muss, um bestimmte Anforderungen zu erfüllen – alles andere als eine triviale Aufgabe angesichts der Millionen und
Milliarden von Einzelkomponenten in modernen Computern. Wie er dabei vorgeht, das schauen wir uns im Folgenden genauer an.

Klick ins Netz: Video „Der Rechnerarchitekt"
https://www.youtube.com/watch?v=gjTLoA64YFM

7.1 Die Anforderungsspezifikation

Ähnlich wie der Gebäudearchitekt zunächst mit dem Bauherrn die gewünschten Eigenschaften eines Bauwerks, etwa die Anzahl der Stockwerke oder die Aufteilung der Räume festlegt, um diese dann optimal auf die spätere Nutzung abzustimmen, geht auch ein Rechnerarchitekt systematisch an den Entwurf eines Rechners. So muss er sich zu allererst darüber klar werden, welche Funktionen der zu entwickelnde Computer eigentlich erfüllen soll. In der Regel lassen sich die Funktionalitäten von den Bedürfnissen der späteren Nutzerinnen und Nutzer ableiten. Die Frage lautet also nicht: Worauf hat der Rechnerarchitekt Lust? Sondern: Was will der Nutzer? Die Anforderungsspezifikation, die definiert, was von einem System geleistet werden soll, ist der Startpunkt eines jeden Rechnerentwurfs und entscheidet maßgeblich über dessen Erfolg. Grundsätzlich gilt es zwei Arten von Anforderungen zu unterscheiden: die funktionalen und die nichtfunktionalen. Die funktionalen Anforderungen beschreiben ganz explizit die Funktionen, die das System erfüllen soll – bei der Steuerung einer Waschmaschine etwa, dass sie ein Waschprogramm ausführt. Die nichtfunktionalen Anforderungen legen dann die Art und Weise fest, wie die funktionalen Anforderungen umgesetzt werden sollen. Im Falle der Waschmaschine könnten diese zum Beispiel vorgeben, dass das Waschprogramm besonders energieeffizient sein und somit wenig Strom verbrauchen soll.

Neben der Energieeffizienz, die insbesondere bei mobilen Systemen, wie Smartphones, eine große Rolle spielt, geht es vor allem um Kriterien wie die Rechenleistung, also die Geschwindigkeit, mit der ein Rechner Informationen verarbeiten kann, die Größe eines Systems oder dessen Erweiterbarkeit durch zusätzliche Funktionen. Natürlich darf der Rechnerarchitekt dabei nicht die Kosten aus den Augen verlieren, die ebenfalls zu den nichtfunktionalen Anforderungen gehören. Er muss sich also auch fragen, was die potentielle Kundschaft letztlich bereit ist, für das System zu bezahlen. Denn was nützt das leistungsstärkste System, wenn es sich am Ende nur Otto Spitzenverdiener leisten kann?

Klick ins Netz: Video „Low Power Design"
https://www.youtube.com/watch?v=p6I0RsbLcp0

7.2   Was wird Hardware, was wird Software?

Die Optimierung der einzelnen Anforderungen ist im Großen und Ganzen eine Frage der Umsetzung der geforderten Funktionalität. Auf Basis der Anforderungsspezifikation muss der Rechnerarchitekt nun entscheiden, welche Systemfunktionen in Hardware und welche in Software, also in Form von Programmen, realisiert werden sollen. Grundsätzlich ist es möglich, viele Funktionen allein in Hardware abzubilden, die dann ohne jegliche Programmierung funktionstüchtig und bedienbar ist, wie unser Kronjuwelen-Überwachungssystem aus Kap. 5.

Der Spieleklassiker Pong
Auch einige frühe Videospiele bestanden lediglich aus Hardware, genauer aus Schaltkreisen, die das jeweilige Spielprinzip unmittelbar realisierten. Ein Beispiel dafür ist das von Atari 1972 veröffentlichte Pong, das dem Tischtennis ähnelt und mittlerweile Kultstatus besitzt. Statt auf einem Mikroprozessor mit einem Programm beruhte die Funktionalität der klassischen Pong-Spieleautomaten lediglich auf einer einzigen elektronischen Schaltung – damit war der Spieleklassiker kein programmierbarer Computer im eigentlichen Sinne.

Heutige Computer verfügen immer auch über Software, die die Hard-
warefunktionen steuert. Aufgabe des Rechnerarchitekten ist es, die Vor-
und Nachteile abzuwägen, welche die Umsetzung einer bestimmten
Funktionalität in Hardware oder Software mit sich bringt. Grundsätzlich
gilt: Es ist deutlich einfacher, schneller und kostengünstiger eine Funktion in Programme umzusetzen. Ein weiterer Pluspunkt ist die wesentlich
flexiblere Handhabung: So kann Software bei Anforderungsänderungen
mit geringerem Aufwand angepasst werden, und eingeschlichene Fehler
lassen sich deutlich kostengünstiger beheben. Dagegen ist die Implementierung in Hardware sehr aufwändig und mit wesentlich höheren
Kosten verbunden. Wird ein Fehler im System festgestellt, so lässt sich
dieser nicht mehr so ohne weiteres beseitigen – was gebaut ist, ist gebaut. Doch wo liegen dann die Vorteile der Hardwareumsetzung? Ganz
klar: Die Hardware punktet bei der Rechenleistung und dem niedrigeren
Energieverbrauch. Geht es also darum, eine bestimmte Funktion besonders schnell und energieeffizient auszuführen, so hat die technisch-
physikalische Implementierung die Nase vorn. Soll ein System dagegen relativ offen und universell einsetzbar sein, so ist die Software die
bessere Wahl. Grundsätzlich sollte der Architekt immer versuchen, die
Nachteile, etwa die höheren Kosten bei der Hardwareumsetzung, zu
begrenzen, beispielsweise indem er auf bereits vorhandene Komponenten
setzt, statt alles neu zu entwickeln. Durch die permanente Optimierung
in der Chipherstellung lassen sich zudem immer kleinere Schaltungen
realisieren, für die letztlich auch weniger Material benötigt wird. Das
Credo eines jeden Rechnerarchitekten sollte schließlich die Ausgewo-
genheit zwischen Hardware und Software sein. Für die Anwenderin und
den Anwender spielt es letztlich keine große Rolle, welcher Bestandteil
des Rechners für den schnellen Download, die lange Akkulaufzeit oder
die hohe Bildauflösung verantwortlich ist – Hauptsache die Leistung
stimmt.

Beispiel: Airbag- und Infotainment-System fürs Auto
Ein Auto ist heute schon längst nicht mehr nur ein fahrbarer Untersatz:
Viele Modelle enthalten bereits mehr als 100 Mikroprozessoren, also
winzig kleine Rechner, die unterschiedliche Aufgaben übernehmen, um
das Autofahren für uns so angenehm und sicher wie möglich zu gestalten. Der Rechnerarchitekt steht nun vor folgender Aufgabe: Er soll zum

einen ein System A entwickeln, das für die musikalische Unterhaltung der Fahrerenden und Mitfahrenden zuständig ist und sie mit aktuellen Informationen versorgt, zum anderen ein System B, das für ihre Sicherheit sorgt, konkret für die Steuerung der Airbags verantwortlich ist. Pflichtbewusst erstellt der Architekt zunächst die Anforderungsspezifikation, woraus sich folgende funktionale Anforderungen ergeben: Das Infotainment-System soll die Wiedergabe von Musik und Radioprogrammen ermöglichen, das Airbag-System das Auslösen des Airbags unter bestimmten Bedingungen. Nun wollen die späteren Nutzerinnen und Nutzer natürlich, dass sie auf System A alle gängigen Dateiformate abspielen können, und auch die Option haben, zusätzliche Anwendungen, wie digitale Musikdienste, hinzuzufügen. Im Gegensatz dazu steht beim Airbag-System die Schnelligkeit und Zuverlässigkeit im Vordergrund, schließlich handelt es sich um eine sicherheitskritische Anwendung, deren Funktionalität im schlimmsten Fall sogar über Leben oder Tod entscheiden kann.

Auf Basis der Anforderungsspezifikation muss der Rechnerarchitekt nun entscheiden, welche Teile der Systemfunktionen in Hardware und welche in Software umgesetzt werden sollen. Für das System A fällt seine Wahl auf einen höheren Softwareanteil. Warum? Nun, das Infotainment-System soll den Nutzerinnen und Nutzer vielfältige Möglichkeiten bieten, wie das Abspielen von CDs, MP3-Dateien und allen anderen gebräuchlichen Audioformaten, das Streamen und Herunterladen von Musik aus dem Internet sowie neben dem klassischen Radio auch das Hören von Online-Radio. Zudem soll es durch weitere Anwendungen, wie digitale Apps, individuell erweiterbar sein. Puh, das sind eine ganze Menge Anforderungen. Für all die Funktionalitäten, die das System haben und all die Extras, die die Anwenderinnen und Anwendern nachträglich dem System hinzufügen können soll, kommen nur zusätzliche Programme in Frage, schließlich lassen sich Schaltungen im Nachhinein nicht mehr so ohne weiteres einbauen. Software kann dagegen leicht auf ein System installiert und direkt verwendet werden. Bezüglich der Anwendungen bietet sie nahezu unendliche Möglichkeiten und kann individuell auf die musikalischen Vorlieben und Interessen der Nutzerinnen und Nutzer angepasst werden.

Ganz anders sieht die Sache beim Airbag-System aus: Hier geht es nicht um die persönlichen Vorlieben der Fahrenden und Mitfahrenden, sondern um ihre Sicherheit. Im Falle eines Aufpralls sollen sich die Airbags rechtzeitig entfalten. Dafür muss die Steuerung dauernd und innerhalb kürzester Zeit die Messwerte der in das System integrierten Beschleunigungssensoren verarbeiten und entscheiden, ob und wie stark die Airbags ausgelöst werden – jede Millisekunde zählt! Hier ist die Geschwindigkeit des Systems das A und O. Wir erinnern uns: In Sachen Rechenleistung punktet die Hardware, insbesondere wenn es darum geht, eine ganz spezielle Aufgabe in kürzester Zeit erfüllen. Denn: Ist diese genau auf eine bestimmte Aufgabe zugeschnitten, kann sie die maximale Rechenleistung erbringen. Für die Umsetzung der Airbag-Funktion fällt die Wahl des Rechnerarchitekten daher größtenteils auf die technisch-physikalischen Komponenten.

7.3   Optimierung auf Hardwareebene

Hat sich der Rechnerarchitekt entschieden, welche Funktionen er in Hardware realisieren möchte und welche er lieber von seinen Kolleginnen und Kollegen aus der Softwareentwicklung umsetzen lässt, geht seine Arbeit erst richtig los: Er muss sich überlegen, wie er die Hardware so konzipiert, dass sie die funktionalen und nichtfunktionalen Anforderungen an das System erfüllt. Der Entwurf einer Rechnerarchitektur ist dabei alles andere als trivial. Erinnern wir uns an Kap. 3 und das Mooresche Gesetz: Seit der Erfindung des Transistors in den 1950er-

Jahren, hat sich die Komplexität und Leistungsfähigkeit von Rechnern gewaltig gesteigert. Wie es Gordon Moore in den 60ern prophezeit hatte, wurden im Laufe der Jahre immer mehr Transistoren zu einzelnen integrierten Bausteinen verschaltet. Heute versammeln sich mehrere Millionen oder sogar Milliarden Komponenten auf einem einzigen Chip. Die Aufgabe des Rechnerarchitekten ist es, diese kaum vorstellbare Zahl an Komponenten so einzusetzen, dass das System hinsichtlich der Anforderungsspezifikation die besten Ergebnisse erzielt. Dabei steht vor allem eine Frage im Mittelpunkt: Welche Möglichkeiten gibt es, in der Entwurfsphase auf die Leistungsfähigkeit des zu entwickelnden Systems Einfluss zu nehmen und diese zu verbessern, ohne dabei jedoch die Kosten in die Höhe zu treiben?

7.3.1 Rechnerklassifikation nach Flynn

Die Anforderungsspezifikation entscheidet darüber, welche Architektur sich für das zu entwickelnde System eignet. Genau wie sich Gebäude nach verschiedenen Kriterien, etwa ihrer Nutzung (Wohnhaus, Krankenhaus, Hotel usw.) kategorisieren lassen, können auch Rechnerarchitekturen anhand bestimmter Merkmale klassifiziert werden. So lassen sich etwa die von uns im Büro oder zu Hause genutzten PCs (kurz für „Personal Computer"), zu denen auch Notebooks bzw. Laptops gehören, von Großrechnern zur Verarbeitung von Massendaten, die oft in Rechenzentren zum Einsatz kommen, und Supercomputern unterscheiden. Letztere werden für extrem rechenintensive Simulationen in der Wissenschaft, etwa für Wetter- und Klimasimulationen oder zur Steuerung von Teilchenbeschleunigern verwendet.

Die aufgrund ihrer Einfachheit am häufigsten genannte Rechnerklassifikation stammt von dem US-amerikanischen Elektrotechniker Michael J. Flynn (geb. 1934) aus dem Jahre 1966. Sie unterscheidet Rechnerarchitekturen nach zwei Kriterien:

1. Der Rechner arbeitet zu einem bestimmten Zeitpunkt einen Befehl (engl. single instruction, kurz: SI) oder mehrere Befehle (engl. multiple instruction, kurz: MI) ab.

Tab. 7.1 Flynn'sche Klassifikation

	Single Instruction	Multiple Instruction
Single Data	SISD	MISD
Multiple Data	SIMD	MIMD

2. Der Rechner bearbeitet zu einem bestimmten Zeitpunkt ein Datenwort (engl. single data, kurz: SD) oder mehrere Datenworte (engl.
   multiple data, kurz: MD).

Daraus ergeben sich vier verschiedene Klassen von Rechnerarchitekturen (Tab. 7.1):

1. Single Instruction Single Data (engl. für „einzelner Befehl, einzelnes
   Datenwort", kurz: SISD)
2. Single Instruction Multiple Data (engl. für „einzelner Befehl, mehrere
   Datenworte", kurz: SIMD)
3. Multiple Instruction Multiple Data (engl. für „mehrere Befehle, mehrere Datenworte", kurz: MIMD)
4. Multiple Instruction Single Data (engl. für „mehrere Befehle, einzelnes Datenwort", kurz: MISD)

Doch was steckt dahinter? Unter SISD-Rechnern versteht man solche, die nur über einen Prozessor verfügen, der alle Befehle sequentiell,
das heißt, nacheinander abarbeitet. Dabei wird jeweils ein Befehl mit den
Daten eines Datenwortes ausgeführt. Doch was ist eigentlich ein Datenwort? Hierbei handelt es sich um die Folge von 0en und 1en, die von
einem Prozessor in einem Rechenschritt verarbeitet werden kann – ein
32 Bit-Prozessor kann zum Beispiel ein Datenwort mit einer Länge von
32 Bits in einem Schritt verarbeiten. Zu den SISD-Rechnern gehören in
erster Linie unsere Alltags-PCs. Dagegen ist SIMD eine Architektur von
Großrechnern und Supercomputern, die ein und denselben Befehl auf
verschiedene Daten parallel in einer CPU ausführt. Rechner mit einer
SIMD-Architektur werden unter anderem zur Verarbeitung von Bild- und
Videodaten eingesetzt und generell immer dort, wo es darum geht, viele
Daten schnell auf eine bestimmte Art und Weise zu verarbeiten.
   Die leistungsfähigste Architektur dieser Klassifikation ist die MIMD-
Rechnerarchitektur, die ebenfalls in Großrechnern und Supercomputern

zum Einsatz kommt. MIMDs bestehen aus vielen Prozessoren, die als Teilrechner parallel arbeiten und von getrennten Befehlen gesteuert werden. Die Teilrechner können dabei gleichzeitig verschiedene Operationen auf unterschiedliche Datensätze ausführen, wobei jeder Prozessor über eigene Befehle und über einen eigenen Speicher für die Datensicherung verfügt. Von der Architektur her lassen sich die Teilrechner selbst meist als Single Instruction Single Data (SISD) oder Single Instruction Multiple Data (SIMD) klassifizieren.

Die vierte Architektur-Klasse soll hier nur der Vollständigkeit halber erwähnt werden, da deren Umsetzung für die meisten Anwendungen als nicht sinnvoll gilt. Die MISD ist dadurch gekennzeichnet, dass mehrere Operationen gleichzeitig auf demselben Datentyp ausgeführt werden.

7.3.2 Pipeline-Architektur

Der Rechnerarchitekt hat verschiedene Möglichkeiten, die Leistung seines Rechners zu steigern. Ein wesentlicher Faktor, der die Rechenleistung eines Computers bestimmt, ist die Taktfrequenz des Prozessors. Ein Takt bestimmt dabei die Dauer eines Schrittes in der Befehlsverarbeitung – je höher die Taktfrequenz, desto schneller erfolgt die Abarbeitung von Befehlen, bei welcher immer dieselben Schritte durchlaufen werden:

1. Takt: Der Befehl wird aus dem Arbeitsspeicher geholt.
2. Takt: Der Befehl wird dekodiert. Dabei stellt sich heraus, ob der Befehl Operanden benötigt.
3. Takt: Falls der Befehl Operanden benötigt, werden diese aus dem Speicher geholt.
4. Takt: Der Befehl wird ausgeführt.
5. Takt: Das Ergebnis wird in einen Speicher geschrieben.

Für jeden einzelnen dieser fünf Schritte existiert eine elektronische Schaltung, welche die jeweiligen Vorgänge durchführt. Allerdings wird bei der sequenziellen Abarbeitung mehrerer Befehle von den zur Verfügung stehenden Schaltungen bei jedem Schritt nur eine einzige genutzt, während die anderen vier brachliegen. Wie unbefriedigend! Erst nach der Ausführung des ersten Befehls kann der zweite Befehl aus dem Hauptspeicher geholt werden, wie Tab. 7.2 zeigt.

Tab. 7.2 Sequentielle Befehlsausführung

Befehl holen	Befehl deko-dieren	Operanden holen	Befehl ausfüh-ren	Ergebnis schreiben
Befehl 1				
	Befehl 1			
		Befehl 1		
			Befehl 1	
				Befehl 1
Befehl 2				

Wie kann der Rechnerarchitekt verhindern, dass die Rechnerleistung derart vergeudet wird? Die populärste Möglichkeit: Er entscheidet sich für die sogenannte Pipelining-Architektur, die auf die Parallelisierung der Befehlsausführung setzt. Bereits in Kap. 5 haben wir gesehen, dass die parallele Addition zu deutlich kürzeren Berechnungszeiten führt. Auch die gleichzeitige Abarbeitung von Befehlen wirkt sich vorteilhaft auf die Rechenleistung aus. Dabei kann die Parallelisierung der Befehlsausführung sowohl durch mehrere Prozessoren wie bei der MIMD-Architektur, als auch innerhalb eines Prozessors wie bei SIMD-Rechnern umgesetzt werden. Beim Prinzip des Pipelinings erfolgt die Ausführung der Befehle wie an einem Fließband, auf dem Werkstücke von einem Arbeitsplatz zum nächsten transportiert und stufenweise bearbeitet werden. Man könnte sich auch einen Haushalt mit einer Waschmaschine, einem Trockner und einem Bügeleisen vorstellen: Anstatt die zweite Waschladung erst dann in die Trommel zu werfen, wenn die Wäsche der ersten bereits gebügelt im Schrank liegt, könnte der zweite Waschgang bereits gestartet werden, sobald die Klamotten der ersten Ladung im Trockner gelandet sind.

Bezogen auf die Befehlsabarbeitung geht das so: Im 1. Takt wird der erste Befehl geholt, im 2. Takt wird der erste Befehl dekodiert, gleichzeitig wird der zweite Befehl geladen, im 3. Takt werden die für den ersten Befehl benötigten Operanden aus dem Speicher geholt, der zweite Befehl wird dekodiert und der 3. Befehl wird geladen, usw. (Tab. 7.3).

Die Schaltungen, in denen die Abarbeitung eines Befehls erfolgt, werden beim Pipelining auch Stufen genannt – das Beispiel zeigt demzufolge eine fünfstufige Pipeline. In heutigen Prozessoren mit einer Taktfrequenz

Tab. 7.3 Parallele Befehlsausführung in einer fünfstufigen Pipeline

	Befehl holen	Befehl dekodieren	Operanden holen	Befehl ausführen	Ergebnis schreiben
Takt 1	Befehl 1				
Takt 2	Befehl 2	Befehl 1			
Takt 3	Befehl 3	Befehl 2	Befehl 1		
Takt 4	Befehl 4	Befehl 3	Befehl 2	Befehl 1	
Takt 5	Befehl 5	Befehl 4	Befehl 3	Befehl 2	Befehl 1
Takt 6	Befehl 6	Befehl 5	Befehl 4	Befehl 3	Befehl 2

im Gigahertz-Bereich (1 GHz entspricht einer Milliarde Takte pro Sekunde) kann die Befehlspipeline bis zu dreißig Stufen umfassen. Doch unabhängig von der Länge gilt: Je einfacher eine Stufe aufgebaut ist, umso höher ist die Frequenz, mit der ein Befehl darin abgearbeitet werden kann. Allerdings sollte darauf geachtet werden, dass jede Teilaufgabe möglichst gleich viel Zeit für die Durchführung benötigt, da sich der Takt, mit dem die Pipeline betrieben wird, an der langsamsten Stufe orientiert und es andernfalls zu unerwünschten Wartezeiten kommt.

Ebenso wie in jedem neuen Taktzyklus ein neuer Befehl geladen wird, verlässt im Idealfall auch ein Ergebnis pro Takt die Pipeline. Daher kann ein Rechner immer so viele Befehle gleichzeitig bearbeiten, wie er Stufen in der Pipeline hat – und so viele Male schneller ist er auch gegenüber einem Rechner ohne „Fließband". Allerdings liegt die Betonung hier auf „im Idealfall", denn es kann auch zu Konflikten in der Pipeline kommen.

Pipeline-Konflikte

Konflikte in der Pipeline sind – wie zwischenmenschliche Konflikte – eine Sache, die man eher vermeiden möchte. Sie entstehen durch Abhängigkeiten, und zwar, wenn es für die Bearbeitung eines Befehls in einer Stufe erforderlich ist, dass ein anderer Befehl, der sich weiter vorne in der Pipeline befindet, zuerst abgearbeitet wird. Die Folge können unschöne Wartezeiten von mehreren Taktzyklen sein, in denen der Prozessor untätig ist bzw. nicht die gewünschten Befehle ausführt. So kommt es zum Beispiel durch logische Abhängigkeiten zwischen Befehlen zu Pipeline-Konflikten, etwa wenn ein Befehl B ein Ergebnis aus einem Befehl A als Operand benutzt. Lautet A zum Beispiel $y = 3 + 4$ und B $x = y + 7$, dann kann B erst bearbeitet werden, wenn A bereits vollständig berechnet wurde, da ja der Wert von y bekannt sein muss, um B auszuführen. Kommt es zu einem solchen Datenflusskonflikt, werden der konfliktverursachende Befehl sowie alle nachfolgenden angehalten. Erst wenn das Ergebnis von A zur Verfügung steht, geht's weiter.

Darüber hinaus kann der geschmeidige Fluss der Befehle in der Pipeline durch den sogenannten Kontrollflusskonflikt gestört werden. Kontrollflusskonflikte entstehen aufgrund bedingter Sprungbefehle, bei denen in der ersten Stufe des Fließbandes noch nicht entschieden werden kann, ob ein Sprung ausgeführt wird oder nicht. Die wohl häufigste und wichtigste Kontrollstruktur ist die sogenannte IF-THEN-ELSE-Anweisung (zu Deutsch „WENN-DANN-SONST"-Anweisung): Entscheidet sich der Anwender für die Option, welche die Bedingung für einen Sprung erfüllt – indem er zum Beispiel das richtige Passwort eingibt und dadurch Zugang zu einem bestimmten Programmbereich erhält –, unterbricht das Programm die fortlaufende Befehlsfolge und fährt mit der Abarbeitung der Befehle an einer anderen Programmstelle fort. In diesem Fall befinden sich ungültige Befehle in der Pipeline, die nicht mehr ausgeführt werden dürfen und deshalb annulliert werden. Dadurch verlängert sich die Ausführungszeit um die Anzahl an Takten, die zum Laden der annullierten Befehle nötig war. Doch wie lassen sich Kontrollflusskonflikte vermeiden und dadurch die Arbeitsgeschwindigkeit erhöhen? Dabei hilft die sogenannte Sprungvorhersage, die bei bedingten Sprungbefehlen mittels statistischer Regeln eine Vorhersage für das wahrscheinlichste Sprungziel trifft.

Das Amdahlsche Gesetz: Grenzen der Beschleunigung
Programme lassen sich nie vollständig parallel ausführen. Das liegt daran, dass einige Programmteile nur einmalig auf einem Prozessor ablaufen – etwa der Ladeprozess zu Beginn der Programmausführung – oder deren Ablauf von bestimmten Ergebnissen abhängig ist – zum Beispiel bei einer Rechnung mit mehr als zwei Operanden. Aus diesem Grund wird der Programmverlauf in Abschnitte zerlegt, die entweder komplett sequentiell, also nacheinander, oder vollständig parallel, das heißt, gleichzeitig ablaufen.

Das **Amdahlsche Gesetz**, das von dem US-amerikanischen Rechnerarchitekten Gene Amdahl (1922–2015) 1967 formuliert wurde, besagt, dass die Geschwindigkeitszunahme hauptsächlich durch den sequentiellen Anteil eines Programms beschränkt wird, da sich dessen Ausführungszeit nicht durch Parallelisierung verkürzen lässt.

Es gilt: Ein Programm kann stets nur bis zu einer gewissen Grenze beschleunigt werden.

7.3.3 Speicherhierarchie

Eine weitere Möglichkeit, die Leistung eines Systems zu steigern, liegt in der Anordnung der Speicher innerhalb einer Rechnerarchitektur. Schließlich gibt es eine Vielzahl von Speichern in einem System, die sich zum Teil enorm hinsichtlich ihrer Speicherkapazität – Wie viele Daten können maximal gespeichert werden? –, ihrer Zugriffszeit – Wie schnell können Daten bereitgestellt werden? – und der Kosten – Wie teuer ist der Spaß? – unterscheiden. So wäre ein idealer, jedoch nicht existenter Speicher unendlich groß, extrem günstig, benötigte keinerlei Zugriffszeit und behielte auch ohne Strom seinen Inhalt. In Wirklichkeit sind schnelle Speicher jedoch um ein Vielfaches teurer als langsamere, und zudem meist flüchtig, das heißt, sie können Daten nur zeitlich begrenzt speichern. Auch hier gilt es für den Rechnerarchitekten das Für und Wider der verschiedenen Speicherarten gegeneinander abzuwägen und durch deren geschickte Anordnung einen Kompromiss hinsichtlich der gewünschten Systemanforderungen zu finden.

Die Speicherhierarchie lässt sich, wie in Abb. 7.1 zu sehen, in einer Pyramide darstellen: An der Spitze befindet sich nur wenig schneller und teurer Speicher, ganz unten dagegen eine große Menge günstiger, jedoch langsamer Speicher. Die verschiedenen Speichertypen haben also alle ihre Vor- und Nachteile. Das ist so ähnlich wie mit der Kleiderboutique um die Ecke und der Filiale einer Modekette in einem Einkaufszentrum am Stadtrand: Die Boutique ist zwar schnell zu Fuß zu erreichen, aber

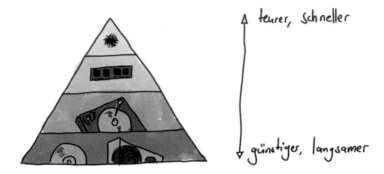

Abb. 7.1 Speicherpyramide

teuer. Um zu dem Laden ins Einkaufszentrum zu gelangen, muss ich mich erst ins Auto setzen, dafür kann ich bei den Klamotten sparen.

Eine auf vielen heutigen Computern gängige Hierarchie unterscheidet grob zwischen Prozessorregister, Prozessorcache, Arbeitsspeicher und Massenspeicher. Die Prozessorregister befinden sich innerhalb der CPU, weshalb der Prozessor direkt auf sie zugreifen und damit den entsprechenden Vorgang fast ohne Zeitverzögerung ausführen kann. Klingt toll! Warum bauen wir dann nicht einfach einen Rechner ausschließlich mit Registern als Speicher? Wie immer hat die Medaille zwei Seiten: Zwar sind die winzigen Speicher unschlagbar schnell, allerdings können sie lediglich einige wenige Bytes zwischenspeichern, etwa die unmittelbaren Operanden und Ergebnisse von Berechnungen. Außerdem sind sie in der Herstellung sehr teuer und der für Speicher zur Verfügung stehende Platz auf der CPU begrenzt.

Auch die Prozessorcaches sind Teil der CPU, wobei mehrere Ebenen, die sogenannten Level, mit jeweils unterschiedlichen Abständen zum Prozessorkern existieren – je näher der Cache am Kern, desto kürzer die Zugriffszeit. Abhängig vom jeweiligen Level kann der Zugriff von einem Prozessortakt bis hin zu mehreren Taktzyklen dauern. Im Gegensatz zu den Registern können Prozessorcaches bereits bis zu einigen Megabytes Daten zeitbegrenzt speichern.

Anders als Register und Cache befindet sich der Arbeitsspeicher außerhalb des Prozessors und enthält die gerade laufenden Programme oder

Programmteile sowie die dafür benötigten Daten. Um ein Programm auszuführen, muss die CPU die Daten zunächst aus dem Arbeitsspeicher laden, was relativ hohe Zugriffszeiten nach sich zieht. Dafür kann diese Speicherart mehrere Gigabytes zwischenspeichern, die jedoch verlorengehen, sobald der Stromfluss unterbrochen wird.

Zu den Massenspeichern, die heute mehrere hundert Gigabytes oder sogar mehrere Terabytes speichern können, gehören die Festplatte, aber auch Wechseldatenträger wie USB-Sticks, CDs, DVDs oder SD-Karten. Auch die gute alte Diskette, die als Datenträger mittlerweile weitgehend das Zeitliche gesegnet hat, war ein Massenspeicher (die eine oder der andere unter Ihnen kann sich vielleicht noch an das typisch ratternde Geräusch eines Diskettenlaufwerks erinnern). Aufgrund der relativ langen Zugriffszeiten bei Festplatten und Wechseldatenträgern werden Programme und Daten auf Massenspeichern nicht direkt von der CPU bearbeitet, sondern zuerst in den Arbeitsspeicher geladen und dort verarbeitet. Wechseldatenträger sind damit die langsamsten Speicher, allerdings auch die kostengünstigsten. Zudem sind sie portabel und in unterschiedlichen Geräten einsetzbar.

Generell gilt: Je kürzer die Zugriffszeit eines Speichers, desto teurer die Herstellung und je größer der Speicher, desto weiter entfernt von der CPU und desto länger dauert der Zugriff. Wir können also festhalten: Jeder dieser Speicher hat seine Daseinsberechtigung und bringt sowohl Vor- als auch Nachteile mit sich. Es liegt nun am Rechnerarchitekten, die Speicher ebenso wie alle anderen Hardware-Komponenten mit Blick auf die Anforderungsspezifikation bestmöglich zu dimensionieren. Gelingt ihm das, dann hat er seine Arbeit – den Entwurf eines neuen Rechners – erfolgreich vollbracht.

Literaturkasten
Sie haben es sicher schon geahnt: Die Rechnerarchitektur spielt eine wesentliche Rolle bei der Funktionsweise von Computern. Und wenn Sie nach der Lektüre dieses Kapitels den Berufswunsch Rechnerarchitektin bzw. Rechnerarchitekt hegen, dann wundert uns das natürlich nicht im Geringsten. Sollten wir also Ihr Interesse geweckt haben, dann geben Ihnen die folgenden Bücher

einen etwas umfangreicheren Überblick über die unterschiedlichen
Architektur-Konzepte, auf denen moderne Rechnersysteme beruhen, und vermitteln tiefere Einblicke in die hardware-technischen
Merkmale moderner Rechnerarchitekturen sowie in das Zusammenspiel von Hard- und Software:

Bode, Arndt/ Händler, Wolfgang (1980): Rechnerarchitektur.
Grundlagen und Verfahren, Springer, Berlin Heidelberg

Giloi, Wolfgang K. (1993): Rechnerarchitektur. 2. Aufl., Springer,
Berlin Heidelberg

Herrmann, Paul (2010): Rechnerarchitektur. Aufbau, Organisation
und Implementierung, inklusive 64-Bit-Technologie und Parallel-
rechner. 4. Aufl., Vieweg+Teubner, Wiesbaden

Hennessy, John LeRoy/ Patterson, David (2011): Rechnerorgani-
sation und Rechnerentwurf: Die Hardware/Software-Schnittstelle.
4. Aufl., De Gruyter Oldenbourg, München

Wohin die Reise geht: aktuelle Entwicklungen und visionäre Konzepte

Die Leistungsfähigkeit, Kompaktheit und Allgegenwart moderner Computer ist schlichtweg beeindruckend. Kaum vorstellbar, dass die ersten Rechner noch ganze Räume füllten und nur einigen Wenigen vorbehalten waren. Heutzutage kann sich wohl kaum noch jemand ausmalen, wie das Leben ohne die vielen elektronischen Helfer, die uns im Alltag umgeben, aussehen würde. Über das Internet versorgen sie uns jederzeit und überall mit Informationen und bieten uns Unterstützung in nahezu allen Bereichen unseres Lebens: Sie helfen uns dabei gesünder zu essen, eine Sprache zu lernen oder unsere Zeit besser einzuteilen. Die Möglichkeiten werden immer vielfältiger, die Geräte zugleich immer kleiner: Ob im Smartphone, eingenäht in die Kleidung oder integriert in die Armbanduhr – Computerchips sind heute so klein und unauffällig, dass sie selbst in den kleinsten Alltagsgeräten Platz finden. Kein Wunder, schließlich sind die Transistoren mittlerweile auf einige Nanometer, also millionstel Millimeter geschrumpft und damit mehrere hundertmal kleiner als eine rote Blutzelle. Auf einem modernen Prozessor mit wenigen Quadratzentimetern Größe haben heute mehrere Milliarden Transistoren Platz. Das ist das Resultat von Moores vielzitierter Prophezeiung: immer kleinere Chips mit immer mehr Schaltelementen für eine immer höhere Rechenleistung.

In Zukunft kommunizieren mit Mikroprozessoren ausgestattete Alltagsgegenstände per Internet miteinander: Die Heizung lässt sich über den Tablet-Computer steuern und die Waschmaschine schickt Nachrich-

© Springer-Verlag GmbH Deutschland 2017
R. Drechsler et al., *Computer*, Technik im Fokus, DOI 10.1007/978-3-662-53060-3_8

ten an das Smartphone, wenn das Waschprogramm beendet ist. Intelligente Brillen ermöglichen das Eintauchen in virtuelle Welten und reichern unsere reale Welt zunehmend mit digitalen Informationen an. Das menschliche Fortschrittsstreben einerseits und die Grenzen dessen, was technisch realisierbar ist andererseits stellen den Rechnerarchitekten vor immer neue Herausforderungen. Denn: Innovative und visionäre Konzepte erfordern eine völlig neue Computer-Hardware.

8.1 More than Moore: Mehr Funktionalität auf kleinstem Raum

Doch egal wie schnell und klein das Gerät ist, wie hoch die Auflösung des Displays ausfällt oder wie lange der Akku hält – den Menschen treibt stets der Wunsch nach mehr. Jedoch: Die Miniaturisierung und das von Moore vorhergesagte Wachstum stoßen irgendwann an ihre physikalischen und ökonomischen Grenzen. Soll heißen: Viel kleiner geht nicht mehr und wenn doch, wird's aufgrund des enormen Herstellungsaufwandes schlicht zu teuer. Die Verdopplung der Transistoranzahl beginnt bereits heute zu stocken. Dafür verantwortlich ist unter anderem die Wärme, die zwangsläufig entsteht, wenn immer mehr Schaltungen auf immer winzigere Flächen zusammengepfercht werden. Ein Umdenken findet statt: Es geht nicht länger nur darum, die Chips immer kleiner und besser zu machen. Stattdessen stehen die Anwendungen im Mittelpunkt, aus denen abgeleitet wird, welche Chips in der immer mobileren Welt der Computer benötigt werden – eine Strategie, die auch mit „more than Moore" (zu Deutsch „mehr als Moore") umschrieben wird.

Überall dort, wo es nicht nur auf kleine Abmessungen ankommt, sondern auch auf hohe Leistung und vielfältige Funktionalität, kommen heute sogenannte Systems-on-Chip (zu Deutsch „Ein-Chip-Systeme", kurz SoC) zum Einsatz. Diese heißen so, weil im Unterschied zu klassischen Rechnersystemen alle für die Funktionalität wichtigen Komponenten auf einem einzigen Chip integriert sind. Denn: Mehr Komponenten auf einem Bauteil bedeuten auch mehr Leistung auf kleinstem Raum, bei gleichzeitig geringeren Herstellungskosten. SoC finden heute vor allem in Smartphones und eingebetteten Systemen Anwendung, beispielsweise in Waschmaschinen, Flugzeugen und Autos. Dabei geht der Trend hin zu immer mehr Funktionalitäten: So muss etwa der Chip eines heutigen Smartphones, eine ganze Reihe von Signalen senden und empfangen können, um zum Beispiel Sprachsteuerung, WLAN, GPS und Bluetooth zu ermöglichen. Zusätzliche Funktionen erfordern darüber hinaus die Wahrnehmung von Berührungen, Beschleunigung oder der eigenen Position im Raum. Dafür braucht es nicht nur zusätzliche in den Chip integrierte Komponenten, wie mehrere Prozessoren und eine Vielzahl unterschiedlicher Sensoren, sondern auch ein intelligentes Energiemanagement, damit all diese Aufgaben dem Akku nicht allzu schnell den Saft entziehen.

Lab- on- Chip

Die System-on-Chip-Architektur birgt zudem für medizinische Anwendungen großes Potential, zum Beispiel mit dem Lab-on-Chip (zu Deutsch „Ein-Chip-Labor", kurz LoC), das verschiedene labordiagnostische Verfahren auf einem einzelnen Chip integriert, etwa die Analyse winziger Mengen Blut auf Infektionskrankheiten. Mit einem solchen

System müssten Ärzte zukünftig Proben nicht mehr extra ins Labor ein-
schicken und warten, bis sie den Befund erhalten – das LoC würde ihnen
die Ergebnisse direkt anzeigen. Vielleicht können Patienten dann in Zukunft auch ganz einfach zu Hause ihre Blutwerte testen und bei kritischen
Werten frühzeitig einen Arzt aufsuchen.

8.2   Computer von übermorgen: Quanten oder DNA?

Auf der Suche nach Möglichkeiten, die Rechenleistungen von Computern auch über die physikalischen Grenzen der Miniaturisierung hinaus
zu steigern, forschen Computerwissenschaftlerinnen und -wissenschaft-
ler in aller Welt an alternativen Rechnerarchitekturen. Dabei entwerfen
sie faszinierende Szenarien: Während die einen in unserem Erbgut die
Hardware der Zukunft sehen, wollen andere Quanten bändigen und für
Rechenoperationen nutzen.

8.2.1   Quantencomputer

Quantencomputer sind eine der Visionen von den Rechenmaschinen der
Zukunft, denn sie sollen um ein Vielfaches leistungsstärker und deutlich sicherer sein als die heutigen digitalen Computer. Sie besitzen eine
grundlegend andere Architektur und Funktionsweise und arbeiten nicht
wie elektronische Rechner nach den Regeln der klassischen Physik oder
Informatik, sondern funktionieren nach den Gesetzen der Quantenme-
chanik.
    Die Quantenmechanik beschreibt die Welt der kleinsten Teilchen, wie
Elektronen oder Photonen, als Quanten, die sich gleichzeitig in mehreren Zuständen, der sogenannten Superposition, befinden können – jedoch nur, solange sie nicht mit ihrer Umgebung interagieren. Bei jeg-
licher Wechselwirkung mit Materie, Wärme, Geräuschen, Vibrationen
oder elektromagnetischer Strahlung nehmen sie wieder einen eindeuti-
gen Zustand an, und zwar nach dem Zufallsprinzip einen der in der Superposition enthaltenen Zustände. Das ist so, als wäre eine Tür gleichzeitig offen und geschlossen, bis jemand hinschaut und die Tür in nur einem
der beiden Zustände vorfindet. Zur Veranschaulichung dieses, unserer

Alltagserfahrung widersprechenden Prinzips hat sich der österreichische Physiker Erwin Schrödinger (1887–1961) ein zugegebenermaßen recht makabres Gedankenexperiment ausgedacht: „Schrödingers Katze". Und das geht ungefähr so: In einer Kiste befinden sich ein Atom, ein Detektor, ein Hammer, ein Gefäß mit einer giftigen Substanz und eine Katze. Zerfällt das Atom, bemerkt dies der Detektor und setzt den Hammer in Bewegung. Dieser zerstört das Gefäß, in dem sich das Gift befindet, das dadurch freigesetzt wird und die Katze tötet. Eine Betrachterin oder ein Betrachter kann jedoch, solange die Kiste geschlossen ist, nicht sehen, ob die Katze noch lebt oder bereits dahingeschieden ist. Sie befindet sich daher in einer Art „Zwischenzustand", also in einer Superposition der Zustände tot und lebendig.

Auf die Computertechnologie übertragen bedeutet dies: Während ein normaler Computer mit Bits rechnet, die entweder den Wert 0 oder 1 haben, führt ein Quantencomputer Rechnungen mit Quantenbits durch, die gleichzeitig 0 und 1 sein können – erst das Ergebnis legt fest, welchen Wert das Quantenbit tatsächlich hat. Damit können Rechner auf Quantenbasis alle Bit-Kombinationen zugleich erfassen und manipulieren. Ein normales Byte enthält acht Bit – je nach Kombination kann es daher einen von 256 Zuständen einnehmen –, ein Byte im Quantenspeicher dagegen alle 256 gleichzeitig. Dies führt dazu, dass Systeme, die mit Quantenbits rechnen, theoretisch bedeutend schneller arbeiten als Digitalrechner: So wäre es für einen Quantencomputer ein Leichtes, blitzschnell gigantische Datenmengen zu durchforsten und herkömmliche Verschlüsselungsmethoden zu knacken, was keinem der heutigen Supercomputer in realistischer Zeit gelingen würde. Allerdings: Quantenrechner sind gegenwärtig noch überwiegend reine Theorie. Es existieren aber schon heute etliche Vorschläge, wie sich ein solches System realisieren ließe. Einige dieser Konzepte wurden bereits im Labor erprobt – bis zu einem einsetzbaren Quantencomputer ist es aber noch ein weiter und steiniger Weg.

8.2.2 DNA-Computer

Eine ganz andere Herangehensweise an zukünftige Computertechnologien verfolgt die Biochemie und besinnt sich dabei auf den Supercomputer, der in uns allen steckt: die DNA (kurz für „deoxyribonucleic acid", zu Deutsch „Desoxyribonukleinsäure"). Kein Wunder: Genauso wie Quanten haben auch DNA-Moleküle, also das Material, aus dem unsere Gene bestehen, das Potenzial, Berechnungen um ein vielfaches schneller durchzuführen als die leistungsstärksten von Menschen gebauten Rechner. Schon heute imitieren Computer menschliches Verhalten, simulieren die Evolution, inzwischen sogar die Funktionen unseres Gehirns – damit werden sie immer lebensähnlicher. Es würde aber noch einen gewaltigen Schritt weiter bedeuten, das menschliche Erbgut, also ein zentrales Element jeglichen Lebens, für die Informationsverarbeitung zu nutzen und dazu zu bringen, die Funktionsweise eines Computers zu imitieren.

Die Grundlage für die Organisation und Komplexität aller Lebewesen liegt in der Kodierung mit den vier verschiedenen Basen im DNA-Molekül: Adenin, Thymin, Guanin und Cytosin – daher stellt unser Erbgut ein Medium dar, das sich bestens für die Datenverarbeitung eignet. So liegt etwa die Speicherkapazität, welche die DNA mit der Sequenzabfolge der vier Basen erreicht, weit über der von Datenträgern, die heute in der Computertechnik genutzt werden.

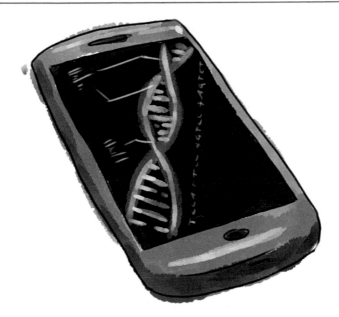

Das Prinzip eines DNA-Computers ist ähnlich dem des elektronischen Computers: Biomoleküle bilden die einzelnen Rechnerbausteine, mit denen sich die grundlegenden Logikgatter UND, ODER, NICHT bauen lassen. Die vier Basen des DNA-Moleküls ermöglichen dabei die Verschlüsselung der Informationen – somit besitzt der DNA-Computer vier Zustände statt nur zwei wie der elektronische Computer. Der grundlegendste Unterschied besteht allerdings in der Arbeitsweise: Während ein herkömmlicher Rechner Daten zum Teil noch linear abarbeitet, laufen die biochemischen Reaktionen im DNA-Rechner alle parallel ab. Daher kann sich in einem Reagenzglas ein einziger Schritt einer Operation auf Billionen von Molekülen unseres Erbgutes auswirken, was bedeutet, dass Billionen Berechnungen zur gleichen Zeit ausgeführt werden können – nahezu unglaublich, oder? Aus diesem Grund wirkt sich auch die Komplexität einer Aufgabe nur minimal auf die Rechendauer aus.

Ebenso wie mit Quanten funktioniert also auch das Rechnen mit DNA, zumindest theoretisch, weitaus schneller als die Informationsverarbeitung bei existierenden Supercomputern, allerdings sind bisherige Versuche in Reagenzgläsern extrem störanfällig. Und so werden wohl noch etliche Jahre ins Land gehen bis zu einem praktisch einsetzbaren, mit unserem Erbgut rechnenden Computer. Sollte ein solcher Rechner aber tatsächlich gebaut werden, so wäre er kompakter, genauer und effizienter als alle derzeit existierenden Systeme.

Sowohl der DNA-Computer als auch der Quantencomputer sind bisher nicht mehr als vielversprechende Zukunftsvisionen. Keine dieser Technologien ist auch nur ansatzweise so weit entwickelt, eine ernstzunehmende Alternative zu den heutigen siliziumbasierten Rechnern darzustellen – eines Tages könnten solche exotisch anmutenden Systeme aber zum Alltag gehören.

Literaturkasten

Finden Sie die visionäre Forschung auf dem Gebiet der Computertechnik genauso spannend wie wir? Dann werfen Sie doch mal einen Blick in die die folgenden beiden Werke, die Ihnen noch detailliertere und umfangreichere Einsichten in die Welt der DNA- und Quantenrechner ermöglichen:

Hinze, Thomas (2014): Rechnen mit DNA: Eine Einführung in Theorie und Praxis. De Gruyter Oldenbourg, München

Homeister, Matthias (2015): Quantum Computing verstehen: Grundlagen – Anwendungen – Perspektiven. 4. Aufl., Springer Vieweg, Wiesbaden

Zu guter Letzt

9

Wir hoffen, liebe Leserinnen und Leser, dass wir Ihnen in diesem Buch auf anschauliche und unterhaltsame Weise ein grundlegendes Verständnis von der Funktionsweise moderner Computer wie Smartphone, Tablet und Co. vermitteln konnten. Heutige Rechner sind hochkomplexe miniaturisierte Systeme, die riesige Datenmengen in kürzester Zeit verarbeiten können. Der Inhalt dieses Buches hätte daher auch um einiges subtiler und detaillierter ausfallen können. Allerdings war es uns in erster Linie wichtig, deutlich zu machen, dass die Arbeitsweise von Computern kein Hexenwerk ist, sondern vielmehr auf dem logischen Zusammenspiel unterschiedlicher Komponenten basiert – zugegebenermaßen einer sehr großen Anzahl von Komponenten.

Gleich zu Beginn des Buches haben wir Ihnen gezeigt, wie mithilfe der binären Logik zwei Zustände so miteinander verknüpft werden können, dass dadurch nahezu jedes logische Problem lösbar ist – so kompliziert es auch sein mag. Sie haben erfahren, auf welche Weise sich die logischen Verknüpfungen durch Logikgatter und mikroskopisch kleine Transistoren, die auf heutigen Computerchips millionen- und milliardenfach vorkommen, technisch in Hardware umsetzen lassen. Die Transistoren fungieren dabei als Schalter, die den Stromfluss regeln und die Zustände 0 und 1 abbilden können – die Sprache der Computer, in die alles kodiert werden muss, was vom Computer verarbeitet werden soll. Sie wissen nun, wie sich Dezimalzahlen in Binärzahlen umrechnen lassen und haben den ASCII kennengelernt, die heute gebräuchlichste Form

© Springer-Verlag GmbH Deutschland 2017
R. Drechsler et al., *Computer*, Technik im Fokus, DOI 10.1007/978-3-662-53060-3_9

der Zeichenkodierung, die allen gängigen Zeichen des lateinischen Alphabets eine Binärfolge zuordnet. Alle Rechenoperationen finden im Rechenwerk des Prozessors eines Computers statt. Dafür braucht es spezielle Schaltungen, etwa den Halbaddierer und den Volladdierer, die sich aus den verschiedenen Logikgattern zusammensetzen lassen. Vor der Umsetzung einer Rechenoperation in Hardware steht ein Schaltplan, der sich mithilfe der Logiksynthese aus der Funktionsbeschreibung ableiten lässt. Am Beispiel unseres Kronjuwelen-Überwachungssystems haben Sie gesehen, wie wichtig die Logiksynthese beim Schaltungsentwurf ist, und dass es durchaus Sinn macht, diese nicht mühsam „per Hand", sondern automatisch von einem Programm ausführen zu lassen.

Computerschaltungen sind programmierbar, das heißt, sie können Programme ausführen, die aus Maschinensprache, also aus scheinbar endlosen Folgen von 0en und 1en bestehen. Da der Binärcode für den Menschen nicht ohne weiteres verständlich ist, werden Programme heute zumeist in höheren Programmiersprachen geschrieben, die vom Maschinencode abgeleitet sind, aber der Übersetzung bedürfen, um vom Computer ausgeführt werden zu können. Schließlich haben wir Ihnen den Rechnerarchitekten vorgestellt, der auf alledem aufbauend Computersysteme nach ganz bestimmten Gesichtspunkten entwirft. Dabei treibt ihn zum Beispiel die Frage um, wie sich Leistung und Effizienz eines Systems bei gleichbleibenden Kosten steigern lassen. So werden Rechnersysteme heute immer kompakter, effizienter und leistungsfähiger – das berühmte Mooresche Gesetz ist auch heute noch gültig. Doch wie lange noch? Wissenschaftlerinnen und Wissenschaftler forschen schon lägst an den Computern von morgen und übermorgen. Ob diese dann mithilfe von Quanten, DNA, Licht oder etwas ganz anderem funktionieren, ist dabei noch völlig offen.

Wo auch immer die Reise hingeht – wir hoffen, Sie konnten durch die Lektüre dieses Buches einen Einblick in ein aus unserer Sicht hochspannendes und hochdynamisches Thema gewinnen, das unser aller Leben heute und in Zukunft maßgeblich mitbestimmen wird.

Sachverzeichnis

© Springer-Verlag GmbH Deutschland 2017
R. Drechsler et al., *Computer*, Technik im Fokus, DOI 10.1007/978-3-662-53060-3

Printed in the United States
By Bookmasters